杭州市哲学社会科学规划课题研究成果

金融管理高水平专业群项目建设成果

金融风险管理

基于PYTHON编程

桑　滨◎著

中国纺织出版社有限公司

内 容 提 要

本书聚焦于Python在金融分析与风险管理中的应用，分为九章，即金融风险管理概述、金融风险管理的基本方法、金融市场与金融产品、现代投资组合管理、Python基础知识概述、运用Python分析利率与债券、股票挂钩结构分析、运用Python分析期权的定价与风险、运用Python测度风险价值等内容，对金融及相关专业人员有较大的参考价值。

图书在版编目（CIP）数据

金融风险管理：基于PYTHON编程 / 桑滨著 . -- 北京：中国纺织出版社有限公司，2021.7（2025.1 重印）
ISBN 978-7-5180-8133-2

Ⅰ. ①金… Ⅱ. ①桑… Ⅲ. ①金融风险－风险管理－软件工具－程序设计 Ⅳ. ① TP311.561

中国版本图书馆CIP数据核字(2020)第211431号

责任编辑：朱利锋　责任校对：楼旭红　责任印制：何　建

中国纺织出版社有限公司出版发行
地址：北京市朝阳区百子湾东里A407号楼　邮政编码：100124
销售电话：010—67004422　传真：010—87155801
http://www.c-textilep. com
中国纺织出版社天猫旗舰店
官方微博 http://weibo.com/2119887771
永清县晔盛亚胶印有限公司印刷　各地新华书店经销
2021年7月第1版　2025年1月第2次印刷
开本：787×1092　1/16　印张：11.75
字数：228千字　定价：98.00元

前　言

“金融＋科技”衍生出的金融风险管理新形态，要求金融科技人才同时具备金融知识和编程开发能力。Python 作为全球十分流行并且开源、免费的高级计算机编程语言，在金融领域得到了广泛运用。

本书聚焦于 Python 在金融分析与风险管理中的应用，共分为九章，对金融风险管理基础知识、金融风险管理的基本方法、金融市场与金融产品、现代投资组合管理、Python 基础知识、运用 Python 分析利率与债券、股票挂钩结构分析、运用 Python 分析期权的定价与风险、运用 Python 测度风险价值等内容做了详细的介绍。本书与我国金融市场结合，可以作为金融知识学习者与金融行业从业者的参考用书，也适合作为程序员进入金融领域的指导用书。

为了吸收和借鉴金融风险管理的最新理论及实际成果，我们在编写过程中参考了大量资料，尽量在参考文献中一一列出，在此向所有参考文献的作者表示感谢。鉴于编写人员的水平有限，书中难免存在一些不足之处，恳请各位读者批评指正。

著　者

2021 年 3 月

目 录

第一章　金融风险管理概述

第一节　金融风险的定义与特征

一、金融风险的定义

(一)风险

风险没有唯一的定义。经济学家、行为学家、风险理论家、统计学家和保险精算师等,每一个人都有自己对风险的定义。传统上,风险被定义为不确定性。目前理论界对风险的定义主要有以下几种。

(1)损失发生的可能性。该定义认为风险是一种面临损失的可能状况,也表明风险是在一定状况下的概率,当损失机会(概率)是0或1时,就没有风险。

(2)结果的不确定性。这是决策理论的定义。这种不确定性又分为客观的不确定性和主观的不确定性。客观的不确定性是实际结果与预期结果的偏差,它可以使用统计学工具进行计量;主观的不确定性是个人对客观风险的评估,它同个人的知识、经验、精神和心理状态有关。

(3)结果对期望的偏离。这是统计学的定义。风险是一种变量的波动性,用预期报酬的标准差、变异系数或其他系数(如P系数)来衡量,计量低于预期收益的下侧风险(损失),并将高于预期收益的上侧风险纳入风险计量框架,马柯维茨的均值－方差模型就是典型的代表。

(4)受伤害或损失的危险。这是保险学的定义,保险学中常用风险来指所承保的损失原因。

一般认为,风险与不确定性有密切的关系,但也有区别。部分经济学家对其进行了分析。美国经济学家、芝加哥学派创始人奈特(Knight)在《风险、不确定性及利润》(1921)中较全面地分析了风险与不确定性的关系。奈特认为,如果一种经济行为所面临的随机性能用具体的概率值来表述(这些概率可以像拿到彩票一样客观地确定,也可以反映自己的主观信念),那么,就可以说这种情况涉及风险。另外,如果该经济行为对不同的可能事件不能(或没有)指定具体的概率值,就可以说这种情况涉及不确定性。他认为,风险是从事后角度来看的由于不确定性因素而造成的损失。美国内布拉斯加一林肯大学教授瑞达博士等在《风险管理与保险原理》一书中，也分析了风险与不确定性的问题，并指出一些学者经常会认真区分的客观风险和主观风险。客观风险被定义为实际损失与预期损失之间的相对差额，主观风险被定义为个人的心理状态或精神状态导致的不确定性。

（二）金融风险

金融是现代经济的核心。金融风险与金融活动相伴而生，它是风险中最常见、最普通、影响最大的一类风险，金融风险是风险管理的主要对象。金融风险既有风险的共性，又有特殊的个性。一般认为，金融风险是指经济主体在金融活动中遭受损失的不确定性或可能性。金融风险与一般风险有显著区别，金融风险是从事资金借贷、资金经营等金融活动所产生的风险。金融风险特别强调结果的双重性，它既可以带来经济损失，也可以获得超额收益；既有消极影响，也有积极影响。它的内涵比一般风险要丰富得多。

金融风险的产生与金融制度、金融参数（利率、汇率、商品价格等）、市场参与者有着密切的关系，金融市场中各个组成部分的波动都会造成金融活动结果的不确定性。

（三）与金融风险相关的术语

（1）风险事故。风险事故是指损失发生的原因。例如，你的房子因为火灾而烧毁了，风险事故或者损失的原因是火。

（2）风险因素。风险因素是指形成或提高损失发生的频率或严重性的因素。风险因素主要包括：①物质因素，是引起或增加损失机会的物质条件，属于有形因素；②道德因素，是指由于个人不诚实或不良企图故意促成风险事件的发生或扩大已发生风险事件的损失程度的因素，属于无形因素；③心理因素，是指由于人们主观上的疏忽或过失，导致风险事件的发生或扩大已发生风险事件的损失程度的因素，属于无形因素；④法律因素，是指法律体系或规章制度中增加损失频率或严重程度的因素。

（3）风险事件。风险事件是指在风险管理中直接或间接造成损失的事件。风险事件最终将风险发生的可能变为现实。

（4）风险成本。风险成本是指由于存在风险而使市场参与者承担的成本。风险成本分为两类：①直接成本，这种成本是由于不确定性造成的资本、人员的损害，即发生损失的成本。②间接成本，这种成本不直接与交易相关，而是使交易者心里产生恐慌和不安，间接造成资源配置不合理，从而使成本增加。

（5）金融危机。戈德史密斯给金融危机下的定义是："全部或大部分金融指标——短期利率、资产（证券、房地产、土地）价格、商业破产数和金融机构倒闭数——的急剧、短暂和超周期的恶化。"金融危机包括银行危机、货币危机、债务危机、证券市场危机、保险危机。金融风险与金融危机没有本质上的区别，只有程度上的差异。金融危机是金融风险的大面积、高强度的爆发；金融风险积累到一定程度，就会演变成金融危机。在实际生活中，金融风险通常使金融处于一种严峻状态，金融风险与金融危机有时被混同使用。

(6)金融安全。金融安全是指一国具有保持金融体系稳定、维护正常金融秩序、抵御外部冲击的能力。金融安全是一种状态，在这种状态下，金融活动参与者，特别是存款人、投资者、被保险人的利益不会遭受巨大的损害，不会出现来自外部的冲击引起金融动荡并导致国民财富的大量流失。西方大多数国家早就建立了维护金融安全的金融安全网。金融安全网一般包括最后贷款人制度和存款保险制度两项内容。

(7)金融稳定。金融稳定的含义十分丰富，它包括通货稳定、金融机构稳定、金融市场稳定、汇率稳定、利率稳定等。金融稳定的目标是多重的，金融稳定多重目标之间往往存在矛盾，如汇率稳定与通货稳定之间通常是矛盾的。为了维护汇率稳定，中央银行可能被迫从外汇市场上买入外汇；买入外汇必然增加央行的基础货币投放；基础货币投放过多，可能导致通货膨胀。金融稳定是相对的，金融不稳定是绝对的。

二、金融风险的特征

认清金融风险的特征，可以更好地管理金融风险，减少金融风险损失，获得更多的利润。金融风险的特征有以下几点。

(一)普遍性

金融风险普遍存在于金融业务之中。从严格意义上讲，所有的金融业务都存在金融风险，无风险的金融业务是不存在的。金融风险普遍存在的原因如下。

(1)金融在很大程度上以信用为基础。金融机构作为融资中介，实质上是一个由多边信用共同建立的客体，信用的原始借贷关系通过这一中介机构互相交织、互相连动。任何一端的风险都可以通过这一“综合器”传递给其他的信用关系。

(2)信用对象具有复杂性。从理论上看，借款人包括全社会成员，社会成员的复杂性导致授信对象不可能永远、绝对无风险。因此，金融风险的控制和防范就不可避免地成为金融业务经营和管理的重要议题。防范金融风险是金融业务中贯穿始终的主题。

(二)传导性和渗透性

金融风险的发生很容易造成公众的信用危机，而在高度商业化的经济体系中，单一的信用机构不可能孤立于整个信用体系而单独存在，因而单一信用机构的信用危机很快就会直接或间接地传导到其他信用机构乃至整个信用体系中。同时，单一信用风险发生时，其作用往往不只局限于这笔业务本身的失败，还可能影响这一类业务乃至整个金融体系。所以，除了对单一信用风险要直接采取措施外，还要考虑它的影响是否已渗透到其他层次或更大范围。针对这两种情况都要采取措施，才能真正做到有效地控制和防范金融风险。

（三）隐蔽性

金融风险具有很强的隐蔽性。隐蔽性是指由于金融机构具有一定的创造信用能力，并且其经营活动不完全透明，在不爆发金融危机或存款支付危机时，可能因信用特点维护、掩盖或补救了已经失败的信用关系或已经发生的损失。这种对风险和损失的隐蔽还可能因为政府或其他有影响力的外部力量的干预而得以加强或延长时间。同时，金融风险的隐蔽性还可以给金融机构提供一些缓冲和弥补的机会，如果银行能够及时有效地采取措施，对已经发生的风险加以控制，它就可以利用其隐蔽性特点创造信用，进而提高生存和发展的能力，并对发生的那部分损失进行弥补。

（四）潜伏性和突发性

金融风险既可能表现为突发性，也可能表现为潜伏性。一般情况下，传统的金融风险表现为潜伏性，新兴的金融风险表现为突发性。如传统贷款中的信用风险，对一个有问题的客户发放贷款，可能一开始这笔贷款就是有风险的，但由于贷款期长，需要 3～5 年的时间这笔贷款才被提取完毕；或者还款期长，需要 5～10 年或者更长时间才能发生还款困难的问题，这都会使这笔贷款的风险潜伏很长一段时间。但是，现代金融产品的风险，如外汇交易头寸风险，可能因为外汇风险敞口使一家银行在一夜之间由巨额盈利变为亏损，或者由于计算机等现代技术直接参与交易，发生技术故障使一家银行在几秒钟之内崩溃。

（五）双重性

在对风险进行管理时，人们更多地强调它的损失，但在实际中，风险的存在提供了获得额外收益的可能性。这种正的效应也是经济主体所渴求的，它会激励人们去承担风险，获取收益，在竞争中不断创新，促进企业的发展。这种风险的双重性会对经济主体产生一种约束和激励并存的机制，使经济主体运用风险管理技术更好地配置资源，创造利润。

（六）扩散性

金融风险具有一定的扩散性。扩散性是指随着现代银行业的发展，金融体系内部各主体的联系日益密切，金融机构之间时刻都在发生复杂的债权债务关系，金融机构之间也存在由于一家机构出现支付危机而导致多家机构倒闭的效应。金融风险的扩散性因创造信用的机制而被不断放大。

（七）可管理性

金融风险虽然有很大危害，且频繁发生，但它是可以管理的。可管理性是指通过金融理论的发展、金融市场的规范、管理技术的不断发展，金融风险可以得到有效预测和控制，从而降低风险，把风险控制在可以承受的范围之内，并通过风险的降低提高收益水平。金融机构

可以通过增加资本金、调整风险资产来增强抵御风险的能力；通过加强外部监管、行业自律逐步规范金融风险管理体系。

（八）周期性

金融风险的产生与经济周期密切相关。周期性是指金融风险受经济周期和货币政策变化的影响，呈现规律性、周期性特点。一般而言，在经济上升期和繁荣期，货币政策宽松，社会资金流动规模大，货币供需矛盾容易被掩盖，金融风险不易发生；而当经济处于衰退期或低谷期时，货币政策紧缩，社会各种矛盾激化，货币供需缺口明显，金融风险容易发生。

三、金融风险的分类

按照不同的标准，金融风险可以划分为不同的种类。按金融风险的主体划分，可以分为金融机构风险、企业金融风险、居民金融风险和国家金融风险；按金融风险的性质、严重程度和管理方法划分，可以分为系统性风险和非系统性风险；按金融风险的层次划分，可以分为微观金融风险和宏观金融风险；按金融风险的地域划分，可以分为国内金融风险和国外金融风险。在通常情况下，为了满足管理的需要，可以按照风险的表现形式，将金融风险划分为以下几种类型。

(1)信用风险。信用风险是指因交易对方无法履约偿还款项而造成损失的风险。信用风险存在于一切信用活动中，也存在于一切交易活动中。信用最初表现为商品货币关系，随着经济和金融市场的发展，费用更多地表现为银行信用。

(2)流动性风险。流动性风险是指由于流动性不足给经济主体造成损失的风险。流动性风险又可以分为两类：①市场流动性风险，是指由于市场活动不充分或者市场中断，无法按照现行市场价格或相近价格对冲某一头寸所产生的风险；②现金流风险，是指无力满足现金流动的要求，从而迫使银行较早破产的风险。

(3)利率风险。利率风险是指利率变动给经济主体造成损失的风险。资产负债表中的绝大多数收入和费用都与利率密切相关，利率不稳定会导致收入不稳定。只要金融企业的资产和负债的类型、数量及期限不一致，利率的变动就会对其资产、负债产生影响，使其资产的收益、负债的成本发生变动。此外，利率的变动可能影响资产的市场价格，还会影响汇率，进而给金融活动的当事人造成不利影响。

(4)汇率风险。又称外汇风险，是指汇率的变动可能给当事人带来不利影响的风险。由于汇率变动使以外币标价的收入和支出、资产和负债发生相应变化，交易者将面临可观察到的风险。1973 年布雷顿森林体系崩溃以来，汇率的波动越来越频繁，汇率风险也越来越大。汇率风险主要有 3 类：交易风险、会计风险和经济风险。

(5)操作风险。又称运作风险，是指由于不健全或失灵的内部程序、人员、系统和外部事件导致损失的风险。操作风险已经成为全球金融风险管理的重要领域之一，其主要产生于两个层面：第一，技术层面，主要指信息系统、风险测量系统不完善，技术人员违规操作；第二，组织层面，主要指风险报告和监控系统出现疏漏，相关的法律法规不完善。

(6)法律风险。法律风险是指金融机构没有适当地履行其对客户的法律和条规职责，或者没有正确实施法律条款而引致的风险。法律风险是一种复合风险，其表现形式有：金融合约不能受到法律应有的保护而无法履行或金融合约条款不周密；法律法规跟不上金融创新的步伐，创新金融工具的合法性难以得到保证，交易一方或双方可能因找不到相应的法律依据而遭受损失；各种犯罪及不道德行为对金融资产的安全构成极大威胁；经济主体在金融活动中违反法律法规，受到法律的制裁，这也是法律风险的一种表现。

(7)通货膨胀风险。又称购买力风险，是指通货膨胀可能使经济主体的实际收益率下降，或使其筹资成本上升的风险。通货膨胀造成单位货币购买力下降，即通常所讲的“货币贬值”，最终会使人们持有的货币的实际价值下降。

(8)政策风险。政策风险是指因国家政策变动而给金融活动参与者带来的风险。一个国家的货币政策、财政政策、地区发展政策等不是一成不变的，国家会在不同时期根据不同情况采取不同的经济政策，国家经济政策的调整可能给金融活动参与者带来影响。这种影响可能是消极的，也可能是积极的。

(9)国别风险。国别风险是指由于一个国家或地区经济、政治、社会变化及事件等，导致该国家或地区借款人或债务人没有能力或者拒绝偿付银行业金融机构债务，或使银行业金融机构在该国家或地区的商业存在遭受损失，或使银行业金融机构遭受其他损失的风险。国别风险可能由一个国家或地区经济状况恶化、政治和社会动荡、资产被国有化或被征用、政府拒付对外债务、外汇管制或货币贬值等情况引发。转移风险是国别风险的主要类型之一，是指借款人或债务人由于本国外汇储备不足或外汇管制等原因，无法获得所需外汇偿还其境外债务的风险。

在金融企业内部业务及产品极其复杂的今天，各种金融风险相互影响、相互渗透、相互转化，越来越难以截然分开。金融风险在不同产品、层次、机构、地域、时间之间相互传导，形成复杂的金融风险系统。

第二节　金融风险管理的内涵和目的

金融风险管理是金融管理的核心内容。风险管理起源于 20 世纪 30 年代的美国，是指对企业的人员、财产和自然资源、财务资源进行适当保护的管理科学。

一、金融风险管理的内涵

(一)金融风险管理的概念

风险管理从狭义角度讲是指风险计量，即对风险存在及发生的可能性、风险损失的范围

和程度进行估计和衡量；从广义角度讲是指风险控制，包括监测及制订风险管理规章制度等。总体来讲，金融风险管理是指人们通过一系列政策和措施来控制金融风险以消除或减轻其不利影响的行为。金融风险管理的内涵是多重的，对金融风险管理的含义应从不同角度、不同层面加以理解。

（二）金融风险管理的分类

（1）金融风险管理根据管理主体不同，可以分为内部管理和外部管理。金融风险内部管理是指作为风险直接承担者的经济主体对其自身面临的各种风险进行管理。金融风险内部管理的主体是金融机构、企业、个人等金融活动参与者，以金融机构为代表。金融风险外部管理主要包括行业自律管理和政府监管，其管理主体不参与金融市场的交易，因而不是受险主体对自身的风险进行管理，而是对金融活动参与者的风险进行约束。行业自律管理是指金融业组织对其成员的风险进行管理；政府监管是官方监管机构以国家权力为后盾，对金融机构乃至金融体系的风险进行监控和管理，具有全面性、强制性、权威性。

（2）金融风险管理根据管理对象不同，可以分为微观金融风险管理和宏观金融风险管理。微观金融风险只对个别金融机构、企业或部分个人产生不同程度的影响，对整个金融市场和经济体系的影响较小。有效的微观金融风险管理可以使经济主体以较低的成本避免或减少金融风险可能造成的损失，稳定经济活动的现金流量，保证生产经营活动免受风险因素的干扰，并提高资金使用效率，为经济主体做出合理决策奠定基础，有利于金融机构和企业实现可持续发展。宏观金融风险则可能引发金融危机，对经济、政治、社会的稳定可能造成重大影响。宏观金融风险管理有助于维护金融秩序、保障金融市场安全运行，有助于保持宏观经济稳定、健康发展，因此，有效的宏观金融风险管理能够防患于未然，为经济运行创造良好环境，促使社会供需总量与结构趋于平衡，并以此促进经济健康发展。

二、金融风险管理的目的

金融风险管理通过消除或尽量减轻金融风险的不利影响，改善微观经济主体的经营管理，从而对整个宏观经济的稳定和发展起到促进作用。其目的表现在以下几个方面。

（一）创造持续稳定的生存环境

通过金融风险管理，金融机构能够制订和实施各种防范措施和对策，在各种经济变量发生变化的情况下，保持相对稳定的收入和支出；在损失发生后，能在一段合理时间内恢复经营。同时，金融风险管理可以避免经济主体行为短期化，对长期项目和新兴项目进行风险研究，制订控制措施，达到优化资源的目的。

（二）以最经济的方法减少损失

金融风险管理能在损失发生后及时、合理地提供预先准备的补偿基金，从而直接或间接地降低费用开支，并以最经济的方法预防潜在损失，这就要求对安全计划及防损技术进行财务分析。

（三）保护社会公众利益

银行存款人、证券市场普通投资者及其他金融机构的公众客户作为风险的承受者，在信息拥有、资金规模等方面都不占优势。而这个庞大的群体同时也是金融市场的支撑者，金融监管机构对其合法权益应加以保护。金融风险管理的总体目标是在一定的约束条件下追求最优的效果，维持稳定、公平、效率三者之间的平衡。

（四）维护金融体系的稳定和安全

货币资金的筹集和经营不仅涉及生产领域和分配领域，还涉及流通领域和消费领域，以及社会再生产的各个环节，因此，金融风险管理可以保证市场参与者的行为合理化、规范化，规范各类交易的规则和秩序，防范金融风险，监督金融机构稳健经营，对维护公众对金融体系的信心、防止系统危机和市场崩溃具有重要意义。

第三节　金融风险管理的组织机构

一、金融风险内部管理的组织机构

金融市场主体作为受险主体，在一定的风险环境下，为保证盈利目标的实现，必须对自身业务经营中所面临的金融风险进行控制和管理。为此，金融市场主体，尤其是金融机构，需要在完善的公司治理结构的基础上，建立相互独立、垂直的风险管理组织框架。金融风险内部管理的组织机构主要由以下层次构成。

（一）股东大会、董事会与监事会

股东大会是对金融机构经营管理和股东利益进行最高决策的机构，既是代表金融机构意志的机关，也是最高权力机关。股东大会可以通过行使其拥有的各种职权，如审议金融机构的年度财务预算和决策方案等，对金融机构的整体风险进行控制，并对金融机构的风险管理体制进行优选。

董事会负责制订风险管理的基本政策和战略制度。在董事会中，通常以非执行董事为主组成风险管理委员会，承担董事会的日常风险管理职能，并定期向董事会报告风险管理方面的情况。

监事会检查金融机构的财务状况，监督董事或经理执行职务时是否有违反法律法规或公司章程的行为，要求董事或经理纠正其损害金融机构利益的行为。

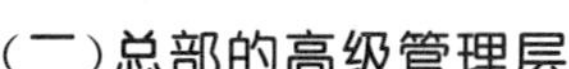

（二）总部的高级管理层

金融机构总部的高级管理层负责将董事会制订的政策与战略具体化为可操作的管理方案和组织形式。金融机构的总经理（行长）负责整个金融机构的风险管理，下设风险管理委员会及独立于日常业务经营管理的各类风险管理部。风险管理委员会以整个金融机构的风险管理战略为依据，制订风险管理政策，是整个金融机构风险管理的最高协调及议事机构；各类风险管理部作为风险管理委员会下设的执行机构，负责整个金融机构风险的集中管理，制订风险管理指引，组织实施风险管理工作并对其进行稽核审查。

（三）各分支机构的中级管理层

分支机构实行垂直风险管理，设风险管理官，协助分支机构经理管理金融风险。各职能部门在机构负责人的领导下，对本机构业务经营中的风险进行管理和控制。分支机构也可设立独立于前台业务部门的风险管理职能部门，对前台业务各环节的风险进行监测和控制。

（四）审计部门

金融机构还应自上而下设立独立而且权威的内部审计部门。金融机构的高层内部审计部门可直接对董事会负责，并在各分支机构业务经营的地域范围内设立若干内部审计中心。这些审计中心对上层审计部门负责，不受各地分支机构的管辖。除了内部日常自查外，金融机构还可以外聘审计师、会计师进行检查。

（五）基层管理者

基层管理者对从事基础业务操作的下属员工进行管理。金融机构可编制员工手册，指导员工的行为，并由基层管理者进行监督。

二、金融风险外部管理的组织机构

金融风险外部管理的组织机构包括行业自律组织和政府监管组织。

（一）行业自律组织

金融机构自愿组成具有行会性质的行业自律组织，维护本行业的业务运行秩序，营造有序的竞争环境，防范行业内风险。行业自律组织可以按不同的行业设立，也可以混业设立，其具体形式是多种多样的，如金融同业公会、行业协会、金融业委员会等，还可以针对各行业的特点，设立专门的子协会或委员会。

这些行业自律组织从各方面对金融业的风险管理发挥积极作用：通过制订公约、章程、准则等确定行业内部的规章制度，如同业竞争规则、业务运作规范、从业人员资格、职业道德规范等，对金融机构的风险管理从外部进行指导和监督；对其成员的个体风险及行业整体风险状况进行监测，及时采取措施进行应对；传播和推广金融机构先进的风险管理方法和工具，并接受金融机构委托，为其培养风险管理人才；代表其成员与政府监管部门沟通，执行不宜由政府实施的管理职能，并根据本行业的实际情况和形势变化，适时提出合理建议，及时向监管部门报告行业内出现的重大问题；对因金融风险而受到损失的成员，根据具体情况给予救助或进行其他处理。

（二）政府监管组织

由于各国历史、文化传统、风俗习惯、国家制度、政治经济体制、政治组织体系、国土规模、地理环境存在差异，金融机构与金融市场成熟程度也有所不同，各国政府的金融监管组织体系也各具特点。不论采取何种具体形式，有效的政府监管组织体系在架构上都应满足以下要求：监管部门职责明确，权力相对集中，若有多个监管主体，彼此应合理分工，避免不必要的重复；监管部门具有相当的权威性；监管部门保持较高的独立性，同时又与其他政府部门相互协调；监管部门内部的组织框架尽可能精简，以降低监管成本，提高监管效率；能够顺利地与其他国家开展国际金融监管合作。

我国的金融监管机构包括中国人民银行、中国银行保险监督管理委员会（以下简称“中国银保监会”，2018 年 4 月 8 日正式挂牌运行）、中国证券监督管理委员会（以下简称“中国证监会”，1992 年 10 月成立）。

第四节　金融风险管理的流程

金融风险管理的流程一般包括四个阶段：风险识别与分析、风险计量与评估、风险监测与报告、风险控制与缓释。

一、风险识别与分析

（一）风险识别的含义

风险识别是指对影响各类目标实现的潜在事项或因素予以全面识别，进行系统分类并查找出风险原因的过程。其目的在于帮助金融机构了解自身面临的风险及风险的严重程度，为风险计量和防控奠定基础。

（二）风险识别的环节

(1)感知风险。通过系统化的方法发现商业银行所面临的风险种类和性质。

(2)分析风险。深入理解各种风险的成因及变化规律。

（三）风险因素分析

风险识别的关键是对风险因素的分析。很多风险因素容易被信息系统自动捕捉和分析，如利率和汇率的波动；有些风险因素会对某些金融产品的价格以及多数信贷业务产生直接或间接的影响，但相关性很难捕捉或很难准确量化，如GDP、CPI、失业率等指标。所以，要采用科学的方法，避免简单化与主观臆断。

二、风险计量与评估

（一）风险计量的含义

风险计量是在风险识别的基础上，对风险发生的可能性、风险将导致的后果及严重程度进行充分的分析和评估，从而确定风险水平的过程。

（二）风险计量的方法

风险计量可以基于历史记录以及专家经验，并根据风险类型、风险分析的目的以及信息数据的可获得性，采取定性、定量或者定性与定量相结合的方法。对不同类别的风险，要分别选择适当的计量方法，尽可能准确地计算可以量化的风险，评估难以量化的风险。近年来，国际先进银行为加强内部风险管理，不断开发出针对不同风险种类的量化技术和方法。我国《商业银行资本管理办法（试行）》的实施，也要求商业银行逐步采用资本计量高级方法，提高风险计量的科学性和准确性。目前，对于我国大多数商业银行来说，历史数据积累不足、数据真实性难以评估是模型开发遇到的最大难题。考虑到不同风险计量方法的优势和局限性，商业银行等金融机构可以采用敏感性分析、压力测试、情景分析等方法作为补充。

三、风险监测与报告

风险监测与报告包含风险管理的两项重要内容。

（一）风险监测的作用

监测各种风险水平的变化和发展趋势，在风险进一步恶化之前提交给相关部门，以便其密切关注并采取恰当的控制措施，确保风险在金融机构设定的目标范围以内。

（二）风险报告的作用

报告所有风险的定性、定量评估结果，并随时关注所采取的风险管理和控制措施的实施效果。风险报告是金融机构实施全面风险管理的媒介，贯穿于整个流程和各个层面。可信度高的风险报告能够为管理层提供全面、及时和精确的信息，辅助管理决策，并为监控日常经营活动和合理的绩效考评提供有力支持。

风险管理报告的原则性要求。

(1)准确性。风险管理报告应该准确地反映汇总风险数据，准确地呈现风险状况。报告应该经过审核和验证。

(2)综合性。风险管理报告应该涵盖组织内部的所有重要风险领域。报告的深度和广度应该与金融机构业务经营和风险状况的规模和复杂性相匹配，同时也要兼顾受众的要求。

(3)清晰度和可用性。风险管理报告用语要清晰、简洁，易于理解又综合全面，以帮助管理层在知情的基础上做出决策。

(4)频率。董事会和高级管理层应规定编制和分发风险管理报告的频率，体现受众要求、风险性质、风险变化速度及有效决策的重要性。

(5)分发。风险管理报告应分发给相关各方，所以要制订相关流程，快速收集和分析风险数据，及时向所有恰当受众发送报告。

四、风险控制与缓释

(一)风险控制与缓释的含义

风险控制与缓释是金融机构对已经识别和计量的风险，采取分散、对冲、转移、规避和补偿等策略以及合格的风险缓释工具进行有效管理和控制风险的过程。风险控制与缓释应符合以下要求：一是与金融机构的整体战略目标保持一致；二是所采取的具体控制措施与缓释工具符合成本一收益要求；三是能够发现风险管理中存在的问题，并重新完善风险管理程序。

(二)风险控制的方法

风险控制分为事前控制和事后控制。

(1)事前控制方法。常用的事前控制方法有限额管理、风险定价和制订应急预案等。限额管理是指银行可以对每个风险承担部门设定一定的限额，从而确保银行避免介入高风险的业务活动。风险定价是指金融机构根据客户的风险水平收取合理的风险报酬，这也是进行风险补偿的重要方式。制订应急预案是指金融机构在面临极端市场压力环境下可以采取的应对措施，其作用是帮助金融机构快速应对突发事件和风险，降低风险的影响程度。

(2)事后控制方法。金融机构在对风险持续监控的基础上，根据所承担的风险水平和风险变化趋势，采取一系列风险转移或缓释工具来降低风险水平，从而将风险控制在目标范围以内。常用的方法主要有三种：①风险缓释或风险转移。风险缓释的目的在于降低未来可能发生的风险所带来的影响，缓释工具起到实质性减少风险的作用，如抵(质)押担保等；风险转移是指金融机构将自身的风险暴露转移给第三方，包括出售风险头寸、购买保险或进行互换、期权等避险交易等。②风险资本的重新分配。商业银行一般会根据不同风险承担部门的风险水平和经营情况重新分配风险资本。③提高风险资本水平。商业银行还可以通过增加资本来提高其风险承受能力。

第二章　金融风险管理的基本方法

第一节　现代风险管理的基础与发展

一、现代风险管理的基础

（一）马柯维茨的资产组合选择

马柯维茨认为，一个理性的投资者应该根据投资组合收益的均值与方差来分析可供选择的投资组合。马柯维茨的理论建立在两个假设基础上：一是资本市场是有效的；二是收益呈正态分布。马柯维茨的资产组合分析暗示：单个证券的特定或特殊风险不应该根据其波动性（收益率的方差）来计量。方差暗含着未来收益率的潜在分布，但对于单个证券来说，它并不与风险计量相关，因为绝大多数由收益率波动产生的特定风险很容易被分散或消除，基本上不需要成本。马柯维茨进一步推论，如果市场上的特定或特殊风险可以通过其他证券的收益来抵消，那么它们就不应该被定价。

（二）夏普和林特纳的资本资产定价模型（CAPM）

夏普和林特纳将投资组合方法推进了一步，创立了资本资产定价模型。他们认为，在所有投资者持有无风险资产和市场资产组合（囊括了所有的风险资产）时，金融市场将实现均衡。风险资产的价格是通过它们被包含于市场组合这种方式来确定的。

二、现代风险管理的发展

（一）运用 VaR 对风险进行计量

VaR 是金融风险管理技术的最新发展。VaR 作为一个概念，最早起源于 20 世纪 80 年代末交易商对金融资产风险测量的需要；作为一种金融风险测定和管理工具，则以 J. P. 摩根银行在 1994 年推出的风险计量模型为标志。这种方法最早用于对市场风险的计量和管理，后来又被用于信用风险、流动性风险和操作风险的计量和管理，最后它带来了全面风险管理的理念和实践。VaR 涵盖了利率、货币、商品和权益等所有风险因子，还充分考虑了在较大的衍生品工具资产组合中极为重要的杠杆与相关性问题。它提供了对资产组合风险的一个概率意义上的综合计量和描述。

在资本市场中，VaR 的定义为：在给定的概率水平下（置信水平），在一定的时间内（如 1 天或 10 天），持有一种证券或资产组合可能遭受的最大损失。如果我们说某个风险敞口在 99%的置信水平下，日 VaR 为 100 万元，这意味着平均看来，在 100 个交易日内，该风险敞口的实际损失超过 100 万元的只有 1 天。

VaR 并不是“在一个给定的期间内，资产组合可能会损失多少”这个问题的答案，这个问题的答案是：可能会损失全部。

VaR 为特定时间内市场因子变动引起的潜在损失提供了一种可能性估计。VaR 是“在较低的概率下（比如说 1%的可能性），既定时间内实际损失可能超过的最大值是多少”这个问题的答案。在这里，VaR 测度的并不是实际损失将超过 VaR 多少，而是说明实际损失超过 VaR 的可能性有多大。

VaR 有两个重要的参数：持有期和置信水平。选择持有期时要考虑四个因素，即流动性、正态性、头寸调整和数据约束。置信水平的选择依赖于对 VaR 的验证、内部风险资本需求、监管要求及不同机构之间进行比较的需要。VaR 的计算方法包括历史模拟法、蒙特卡洛模拟法及分析法（如 Delta-VaR）等。

VaR 可用于确定内部风险资本需求和设定风险限额，进行资产组合、绩效评估和金融监管。

（二）运用 RAROC 将风险管理与资本收益相联系

（1）RAROC（经风险调整的资本收益率）的含义。长期以来，衡量企业营利能力普遍采用的是股本收益率（ROE）和资产收益率（ROA）指标，缺陷是这些指标只考虑了企业的账面盈利而忽略了风险因素。银行是经营特殊商品的高风险企业，以不考虑风险因素的指标衡量其营利能力具有很大的局限性。目前，国际银行业的发展趋势是采用经风险调整的收益率综合考核银行的营利能力和风险管理能力。经风险调整的收益率克服了传统绩效考核中营利目标未充分反映风险成本的缺陷，使银行的收益与风险直接挂钩，体现了业务发展与风险管理的内在统一，实现了经营目标与绩效考核的统一。使用经风险调整的收益率，有利于在银行内部建立良好的激励机制，可以从根本上改变银行忽视风险、盲目追求利润的经营方式，能激励银行充分了解其所承担的风险并自觉地识别、计量、监测和控制这些风险，从而在审慎经营的前提下拓展业务、创造利润。

20 世纪 70 年代，美国信孚银行提出风险调整资本配置概念后，RAROC 方法开始为金融机构和监管机构所接受。这种测度工具可以使银行高效地分配其经济资本，并在风险调整的基础上衡量经营业绩。如果不考虑精确性和稳定性，超过 60%的银行采取了风险调整计量方法（RAROC、EC 等），随着这些方法的标准化，这一比例还将增加。

(2)RAROC 的计算。在经风险调整的收益率中，目前被广泛接受和普遍使用的是 RAROC。经风险调整的资本收益率是指经预期损失(EL)和以风险资本(CaR,风险资本即经济资本)计量的非预期损失(UL)调整后的收益率。其计算公式如下：

$$\text{RAROC}=\frac{\text{收益}-\text{预期损失}}{\text{风险资本(或非预期损失)}}$$

经风险调整的收益率，如 RAROC 所强调的，银行承担风险是有成本的。在 RAROC 计算公式的分子项中，风险带来的预期损失被量化为当期成本，直接对当期盈利进行扣减，以此衡量经风险调整后的收益；在分母项中，则以经济资本或非预期损失代替传统 ROE 指标中的所有者权益，意即银行应为不可预计的风险提取相应的经济资本。整个公式衡量的是经济资本的使用效益。

(3)RAROC 的作用。在通常情况下，金融机构按照信用风险、市场风险、操作风险来分类、测度和管理金融风险，而现在要把风险管理纳入一个整体框架当中。为了同时实现完整性和一致性，金融机构需要开发良好的 RAROC 方法，同时提供相应的辅助设施，以涵盖所有的风险类型和业务种类，用来收集足够的数据，建立强大的处理能力，并建设训练有素的员工队伍。RAROC 方法依赖分析模型测度信用风险、市场风险和操作风险。

RAROC 结果对金融机构所有分析和决策活动都有帮助。如图 2-1 所示，RAROC 结果对银行如何分配限额、进行风险分析、管理资本、调整定价策略和进行资产组合管理等都有影响。RAROC 分析也对资本管理、融资计划、资产负债表管理和补偿活动有帮助。

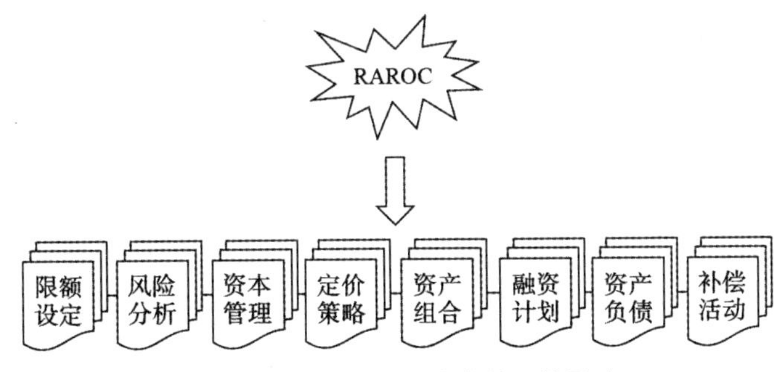

图 2-1　RAROC 流程输出结果的影响

(4)RAROC 使用上的限制。加入风险因素的 RAROC 的确是一个能够具体且客观评估绩效的指标，但是在实际操作中仍有尚待克服的困难，其中最重要的一点就是 EC 的计算。当我们衡量 EC 时，必须将所有的风险都考虑进去，这就意味着将所有风险量化。当量化风险的能力不足时，就无法正确计算出 RAROC。在实务操作中，变通方式是利用事后观察的实际损益计算损益波动度，代替计算 EC 所需事前预测的 VaR，理由是事后的实际损益能反映投资组合事前所承担的风险。此方法称为以 VaR 为基础的风险调整绩效度量方法(RAPM)，优点是操作简单，但是因采用的数据是历史资料，忽略了尚未实现的潜在损失，所以正确性不能令人信服。

（三）ERM 的提出及在金融企业中的应用

(1)ERM 的含义。ERM(全面风险管理)是近年来提出的企业风险管理综合模式，它确立了一种新的评价企业风险管理效果的标准。ERM 是在以价值为导向的企业目标确立过程中取代传统风险管理，承担增加公司价值使命的新型风险管理体系和手段。ERM 框架体系不仅包括通常的风险管理策略和过程，还包括所有支持和保障 ERM 效率、效果的辅助政策和设施，统称为 ERM 的配套设施。

2001 年，北美非寿险精算师协会(CAS)在一份报告中明确提出了 ERM 概念，并对这种基于系统观点的风险管理思想进行了较为深入的研究。CAS 对 ERM 的定义为：ERM 是一个对各种来源的风险进行评价、控制、研发、融资、监测的系统过程，任何行业和企业都可以通过这一过程提升股东短期或长期价值。随后，在内部控制领域具有权威影响的 COSO(美国反对虚假财务报告委员会所属的发起机构委员会)于 2004 年 9 月颁布《全面风险管理整合框架》报告。该报告从内部控制的角度出发，首次从体系上规范了企业全面风险管理的目标、要素和层次，将全面风险管理从理念发展到了实践操作层面。COSO 对 ERM 的定义是：全面风险管理是一个过程，它由一个企业的董事会管理当局和其他人员实施，应用于企业战略制订并贯穿于企业各种经营活动之中，目的是识别可能影响企业价值的潜在事项，管理风险于企业的风险容量之内，并为企业目标的实现提供保证。

归纳起来，ERM 概念包括以下几个关键要素：①过程。ERM 是一个过程，贯穿于企业的各种管理和经营活动之中。②对象。ERM 的对象是企业内、外部各种来源的风险整体。③主体。ERM 的执行主体涉及企业各个层级的全体员工和所有部门。④目标。ERM 的目标是把风险控制在风险容量以内，同时为企业寻找最佳的风险—收益平衡点，最终目的是提升股东短期或长期价值。

(2)ERM 在金融企业中的应用。2004 年《巴塞尔新资本协议》的发布和实施，标志着现代商业银行风险管理出现了一个显著变化，就是由以前单纯的信贷风险管理转向信用风险、市场风险、操作风险并举，信贷资产与非信贷资产并举，组织流程再造与技术手段创新并举的全面风险管理。《巴塞尔新资本协议》鼓励国际活跃银行实施全面风险管理，在提升风险衡量技术、建立风险管理组织结构等方面进行了许多有益的探索。

商业银行全面风险管理是由若干风险管理要素组成的一个有机体系，这个体系可以将风险和收益、风险偏好和风险策略紧密结合起来，增强风险应对能力，尽量减少操作失误和因此造成的损失；准确判断和管理交叉风险，提高对多种风险的整体反应能力；根据风险科学分配经济资本，确保商业银行各项业务持续健康发展。商业银行全面风险管理有以下几方面内容：①全面风险管理是一个过程。风险管理不是一个独立的管理活动，它是渗透到银行经营管理活动中的一系列行为，内生于银行各项经营管理的流程之中，风险管理本身也有输入和输出的要素，具有规范的管理流程。②全面风险管理必须依靠全体员工。全面风险管理不仅意味着大量的风险管理政策、报告和规章，而且包含银行各个层面员工的“知”和

"行"。即使董事会、管理层以及员工决定了风险管理文化、风险偏好、风险管理目标和政策，风险管理流程也必须依靠全体员工才能运行，强调全员风险管理至关重要。③全面风险管理涵盖了银行各层次的各类风险。根据《巴塞尔新资本协议》的划分，银行的各类业务风险都可以归结为信用风险、市场风险和操作风险三类。银行的全面风险就是由银行不同部门（或客户、产品）与不同风险类别（信用风险、市场风险、操作风险）组成的"银行业务风险矩阵"涵盖的各种风险。全面风险管理就是要对所有影响银行目标的风险进行系统识别、评估、报告和处置，它必须考虑银行所有层面的活动，从总行层面的战略规划和资源分配，到各业务单元的市场和产品管理，风险都应得到有效控制。

(3)我国商业银行全面风险管理的实践。《银行业金融机构全面风险管理指引》(2016年9月由中国银监会颁布，2016年11月1日起施行)指出，银行业金融机构应当建立全面风险管理体系，采取定性和定量相结合的方法，识别、计量、评估、监测、报告、控制或缓释所承担的各类风险。

各类风险包括信用风险、市场风险、流动性风险、操作风险、国别风险、银行账户利率风险、声誉风险、战略风险、信息科技风险以及其他风险。

银行业金融机构的全面风险管理体系应当考虑风险之间的关联性，审慎评估各类风险之间的相互影响，防范跨境、跨业风险。

银行业金融机构应当制订风险管理政策和程序，包括但不限于以下内容：全面风险管理的方法，包括各类风险的识别、计量、评估、监测、报告、控制或缓释，风险加总的方法和程序；风险定性管理和定量管理的方法；风险管理报告；压力测试安排；新产品、重大业务和机构变更的风险评估；资本和流动性充足情况评估；应急计划和恢复计划。

第二节　金融风险管理的定性方法

一、金融风险的预防

金融风险的预防是指在风险尚未导致损失之前，经济主体采用一定的防范措施，防止损失实际发生或将损失控制在可承受的范围之内。金融风险的预防是一种传统的风险管理方法，具有安全可靠、成本低廉、社会效果好的特点，可以防患于未然，对信用风险、流动性风险、操作风险等十分重要。它通常用于银行和其他金融机构信用风险和流动性风险的管理中。

二、金融风险的规避

金融风险的规避是指经济主体根据一定原则，采取一定措施避开金融风险，以减少或避免由于风险引起的损失。风险规避策略的实施成本主要是风险分析和经济资本配置方面的支出。此外，风险规避策略的局限性在于它是一种消极的风险管理策略。金融风险的规避与预防有类似之处，二者都可使经济主体事先减少或避免风险可能引起的损失。但是，金融风险的预防较为主动，在积极进取的同时争取预先控制风险；而金融风险的规避则较为消极、保守，在避开风险的同时，也放弃了获取较多收益的可能性。例如，经济主体在选择投资项目时，尽可能选择风险低的项目，放弃风险高的项目，而风险高的项目往往也可能有较高的预期收益。银行在发放贷款时，倾向于发放短期的、以商品买卖为基础的自偿性流动资金贷款，而对固定资产贷款则采取十分谨慎的态度。金融风险的规避可以应用于信用风险、汇率风险和利率风险管理。

三、风险自留

风险自留是指企业自我承担风险。假如某些金融因素的改变会产生损失，企业将以此时可获得的所有资金偿付，以减少损失或使损失消失。在通常情况下，风险自留可以是有计划的，也可以是非计划的；可以预先为可能发生的损失留存资金，也可以不留存资金。计划自留是指有意识地对预计风险的自我承担。企业采取计划自留策略一般是因为它比较便利，有时也是在比较了各种方法之后结合企业自身能力而做出的决策。非计划自留是因为人们没有预计到风险会产生而形成的对风险的自我承担。有时即使预计到风险会发生，而风险造成的最大可能的损失被低估了，也仍然会发生非计划自留。

在许多情况下，风险自留的目的是当损失发生的时候对其进行偿付，而不是在损失发生之前安排资金。风险自留的方式有以下三种。

（一）储备基金

会计准则要求金融机构针对相关资产建立准备资金用于补偿风险自留的损失。如果风险所引起的损失有限，就能通过准备资金有效地防范风险。我国银行从 1988 年起建立贷款呆账准备金制度。2002 年 4 月，为了增强银行抵御风险的能力，鼓励银行逐步与国际通行标准接轨，配合贷款风险分类的全面实施，中国人民银行制订和发布了《贷款损失准备计提指引》，要求各银行及时足额提取各类贷款损失准备。2004 年初，中国银监会颁布的《商业银行资本充足率管理办法》（2007 年进行了修改）明确提出，商业银行资本充足率的计算应建立在充分计提贷款损失准备等各项损失准备的基础之上。2012 年 6 月，中国银监会发布《商业银行资本管理办法（试行）》，提出商业银行资本充足率监管要求，其中总资本中的二级资本包括超额贷款损失准备。

（二）自保险

自保险也称自保，来源于自保险公司的业务。自保险公司是指由工商企业和金融集团设立、主要承保成员企业业务、规避成员风险的保险公司。自保险公司一般在避税港设立，

主要业务是为其关联企业提供保险。由于自保险这种策略中的保险常常有风险转移的意思,所以有些人对此提出异议。很显然,自保险并没有涉及风险的转移,风险依然由企业自身承担,仍然属于风险自留范围,因此我们将这一术语应用于一些特殊情况。一些实力雄厚的大公司,尤其是跨国公司有频繁而数量庞大的国际经营业务和投资项目,自然免不了要承担风险,它们常在公司内部设立专项资金和专门部门对自保险等风险管理策略组织实施并进行监督。还应注意的是,自保险有两个因素:一是风险暴露单位数目要足够大,以便能准确地预计损失;二是通过设立专项基金对预期损失进行事先预留。

2013 年 12 月,中国保险监督管理委员会(以下简称"中国保监会")颁布《关于自保公司监管有关规定的通知》,允许资产总额超过 1 000 亿元、营利状况良好的大型工商企业设立自保公司。自保公司的业务范围为母公司及其控股子公司的财产保险、员工的短期健康保险和短期意外伤害保险。这是我国第一个专门针对自保公司监管的规范性文件,是中国保监会加快保险市场改革创新步伐的一项重要措施,解决了自保公司发展和监管无法可依的问题。该通知本着"积极谨慎、适度创新、隔离市场、防范风险"的原则,在自保公司的设立、经营、监管等方面做出了明确规定,对自保公司监管进行了一定的创新,为规范企业自保行为、促进自保公司发展奠定了基础。

我国的自保公司是指经中国保监会批准,由一家母公司单独出资或母公司与其控股子公司共同出资,且只为母公司及其控股子公司提供财产保险、员工的短期健康保险和短期意外伤害保险的财产保险公司。由于其不接受母公司以外的保险业务,其经营风险最终由母公司自行承担,自保公司无须缴纳保险保障基金,也不纳入统一的保险保障基金管理体系。

(三)资本充足管理

金融机构的非预期损失要由资本来承担,因此金融机构持有充足的资本是金融风险管理所必需的,也是金融业监管的要求。在现阶段,遵循国际惯例,商业银行的资本充足率由巴塞尔银行监管委员会统一规定,它建议采取适当的计量方法。证券公司的资本规定与商业银行不同。1975 年美国证券委员会(SEC)15C3－1 中规定,对证券经纪人代表大会第一次会议批准的国务院机构改事方案,将中国银行业监督管理委员会和中国保险监督管理委员会的职责整合,组建中国银行保险监督管理委员会。资本充足率的测定类似于基于市场价值的测量方法。证券经纪人必须逐日根据市场价值计算净值,确保净值与资产的比率大于 2%。在美国市场上,人寿保险公司本质上与银行所使用的方法相似,但它的范围更广,包括其他类型的风险。

四、内部风险抑制

从国际金融发展的进程来看,随着经济全球化和金融全球化、跨国公司蓬勃发展、金融业务规模逐步扩大、竞争激烈程度增加,银行所面临的金融风险也越来越大。通过进行联合重组,建立股份制银团,不仅可以满足市场需求的增加,更重要的是可以将原来单个银行所面临的巨大风险合理分摊，使每一家银行按照合同或协议的规定承担有限的风险，从而有利于从银团内部结构上抑制风险损失的严重性。此外，进行信息投资也是另一种主要的内部风险抑制形式。市场信息具有不对称性、滞后性，不能及时掌握信息会导致对市场预测的失效。信息投资是对市场的未来趋势进行更加精确的估计或预测，目的是使预测的风险和损失程度更准确，使风险承担者可以及时、准确地实施有效的风险管理措施。

第三节　金融风险管理的定量方法

一、损失控制

当金融风险不能规避时，应采取措施减少损失，这种处理金融风险的方法就是损失控制。控制风险与规避风险不同，进行风险控制时，风险承担者仍然进行有关活动。损失控制不是停止这些活动，而是在开展活动的过程中采取一系列措施，减少和避免最后的风险损失，或是降低损失发生时的成本。

风险承担者是否进行损失控制依赖于采用这种方法所花的成本是否能够由所获得的预期收益所抵补。若成本远远超出收益，则这种损失控制的投资就是不值得的。此时，损失控制的收益应能够被合理量化。

二、风险分散

风险分散是指通过多样化的投资来分散和降低风险的方法。风险分散是一种常用的策略。根据马柯维茨的资产组合理论，如果各资产彼此间的关系系数小于 1，资产组合的标准差就会小于单个资产标准差的加权平均数，因此有效的资产组合就是要寻找彼此之间相关关系较弱的资产加以组合，在不影响收益的前提下尽可能地降低风险。当资产组合中资产的数目趋于无穷大时，组合的非系统性风险将趋于零。

在信贷管理中，银行可以利用分散策略减少信用风险。银行的贷款对象不应过度集中于单一客户，而应分布于各行业、各地区、各国家。为此，银行一般设立对单一客户贷款的最高限额或限制性比率。若某客户贷款需求量十分巨大，多家银行将组成银团为其提供贷款，以分散信贷风险。

分散策略还可以用于管理证券价格风险和汇率风险。

三、风险转移

风险转移是指通过购买某种金融产品或采取其他合法的经济措施将风险转移给其他经济主体的一种风险管理方法。风险转移可分为保险转移和非保险转移。其转移的风险通常

是通过别的风险管理方法无法减少或消除的系统风险，人们只得借用适当的途径将它转移出去。这种策略的重要特征是风险的转移必须以被转移者同意承担为条件。从宏观角度来看，风险的程度保持不变，只是改变了风险的承担者。风险转移的方式有以下三种。

（一）保险

保险是一种广泛应用且典型的风险转移方法。风险承担者可以向保险公司或某些担保银行投保，以保险费为代价，将风险转移给这些金融机构。在通常情况下，保险是通过一个具备法律效力的合同（或称保险单）来实施的。在保险合同中，保险公司承诺对被保险人在合同期限内所遭受的损失进行一定数量的赔偿。这暗示着保险公司将赔偿任何可能发生的损失，但是，有时候保险公司可能无力偿付，不能履行它们赔偿损失的承诺。在这种情况下，被保险人不得不承担原以为转移出去的损失。因此，在通过保险转移风险时，要充分考虑保险公司的财务实力，以及一旦发生承保损失，保险公司是否能及时进行赔付。

（二）担保

担保是指金融机构在发放贷款时，要求借款人以第三方信用或其拥有的各种资产作为还款保证的一种形式。在信用风险管理中，银行和其他金融机构对外贷款时，常常会采用由第三方担保的方式贷给借款人。这样，银行及其他金融机构通过设定担保，将所承担的信用风险转移给第三方。签订贷款合同后，担保人要监督借款人到期如数还本付息。如果借款人不能按期付清全部款项，则担保人必须依照合同的有关规定承担连带责任，替借款人还清债务。

（三）延迟支付

在对外贸易和对外金融活动中，风险承担者也通过推迟外汇的支付，将面临的汇率风险转移给对方。例如，有一笔远期外汇收入，若出口商和债权人预期外汇将升值，本币将贬值，他们就会要求尽可能地推迟收汇。相反地，若进口商和债务人预计外汇将贬值，本币将升值，他们也会尽量推迟付汇。当然，采用这种方式的前提是风险承担者预测的汇率波动是准确的；否则，不但不会转移风险，还可能增加风险。

四、风险对冲

对冲又称套期保值。风险对冲是指通过投资或购买与标的资产收益波动负相关的某种资产或衍生产品，来冲销标的资产潜在的风险损失的一种风险管理方法。风险对冲可以管理系统性风险和非系统性风险，还可以根据投资者的风险承受能力和偏好，通过对对冲比率的调节将风险降低到预期水平。经济主体所从事的不同金融交易的收益彼此之间呈负相关，当其中一种交易亏损时，另一种交易将获利，从而实现盈亏相抵。风险对冲的工具主要是金融衍生品，包括期货合约、远期合约、期权合约。

套期保值者通过在远期、期货市场上建立与现货市场相反的头寸，将未来的价格固定下来，使未来价格变动的结果保持中性化，以冲抵现货市场价格波动的风险，达到保值的目的。远期利率协议、远期外汇交易、外汇期货、利率期货、指数期货、股票期货等品种可用于对冲汇率、利率以及证券价格未来波动的风险。金融期权交易不仅可以用于套期保值，还可能使期权卖方获得意外收益。

第四节 内部控制与金融风险管理

“内部控制”概念源于 1949 年美国会计师协会发布的一份报告，是指公司出于保护资产、核查会计数据的准确性和可靠性、提高经营效率、促使遵循既定的管理方针的目的而采取的方法和措施。美国注册会计师协会 1958 年将“内部控制”分为两类，即内部会计控制和内部管理控制；1988 年引入“内部控制结构”概念，第一次将内部控制引申为一种结构和环境，认为内部控制的实质在于合理地评价和控制风险，因此称为风险导向型内部控制，从而将内部控制和风险管理有机结合起来。

一、内部控制文件及其主要内容

（一）COSO 的《内部控制——整合框架》

1992 年 COSO 发布的《内部控制——整合框架》，其核心观点包括：

（1）内部控制的定义。内部控制是由企业管理人员设计的，为实现营业的效果和效率、财务报告的可靠及合法合规目标提供合理保证，通过董事会、管理人员和其他职员实施的一种过程。

（2）内部控制的组成部分。内部控制由五个相互联系的要素组成：控制环境、风险评估、控制活动、栖息与沟通、监控。

（3）对不同层次的人员在内部控制中的角色和责任的理解。企业内部每一个成员在实施内部控制方面都扮演一定角色，负有一定责任。

（二）巴塞尔银行监管委员会的《银行组织内部控制系统框架》

1998 年巴塞尔银行监管委员会发布《银行组织内部控制系统框架》，系统地提出了评价商业银行内部控制体系的指导原则，主要内容包括：

（1）内部控制的目的和作用。内部控制是由董事会、高级管理人员以及其他人员实施，其目的是实现经营的效果与效率（营业目标），会计与管理信息的可靠、完整与及时（信息目标）以及经营活动符合现行法律、法规的要求（符合性目标）。

（2）内部控制要素及评估原则。内部控制由五个相关联的要素组成：管理层监察与控制文化、风险识别与评估、控制活动与岗位分离、信息与沟通、监控活动与偏差纠正。

(三)中国银监会的《商业银行内部控制指引》

2014 年 9 月,中国银监会发布《商业银行内部控制指引》(以下简称《指引》),对促进商业银行规范内部管理、完善内部控制提出新的要求,主要内容包括:

(1)内部控制的定义。内部控制是商业银行董事会、监事会、高级管理层和全体员工参与的,通过制订和实施系统化的制度、流程和方法,实现控制目标的动态过程和机制。

(2)内部控制的目标。保证国家有关法律法规及规章的贯彻执行;保证商业银行发展战略和经营目标的实现;保证商业银行风险管理的有效性;保证商业银行业务记录、会计信息、财务信息和其他管理信息的真实、准确、完整和及时。

(3)内部控制的原则。①全覆盖原则。商业银行内部控制应当贯穿决策、执行和监督全过程,覆盖各项业务流程和各个操作环节,覆盖所有的部门、岗位和人员。②制衡性原则。商业银行内部控制应当在治理结构、机构设置及权责分配、业务流程等方面形成相互制约、相互监督的机制。③审慎性原则。商业银行内部控制应当坚持风险为本、审慎经营的理念,设立机构或开办业务均应坚持内控优先。④相匹配原则。商业银行内部控制应当与管理模式、业务规模、产品复杂程度、风险状况等相适应,并根据情况变化及时进行调整。

二、基于内部控制要素的金融风险管理

(一)基于内部控制职责的金融风险管理环境

COSO 的《内部控制——整合框架》提出,内部控制环境包括诚信和道德价值观,致力于提高员工工作能力及促进员工职业发展的承诺,董事会和审计委员会、管理层的理念和经营风格,组织结构、权限及职责分配,人力资源政策及程序。巴塞尔银行监管委员会的《银行组织内部控制系统框架》提出,内部控制环境包括管理层监察与控制文化,董事会、高管层的作用是确定银行可接受的风险水平,监控内部控制系统的有效性,促进高尚道德与诚实标准的形成,建立向各级员工显示的内部控制文化。中国银监会的《指引》提出,商业银行应当建立由董事会、监事会、高级管理层、内控管理职能部门、内部审计部门、业务部门组成的分工合理、职责明确、报告关系清晰的内部控制治理和组织架构;商业银行应当指定专门部门作为内控管理职能部门,牵头进行内部控制体系的统筹规划、组织落实和检查评估。这些内容充分体现了金融风险管理所需要的内部环境,即风险文化、基础设施、内部控制、组织机构。当然,金融风险管理还取决于外部环境,即经济体制和外部监管。

(二)基于内部控制措施的金融风险识别与计量

中国银监会的《指引》指出,商业银行应当合理确定各项业务活动和管理活动的风险控制点,采取适当的控制措施,执行标准统一的业务流程和管理流程,确保规范运作。商业银行应当采用科学的风险管理技术和方法,充分识别和评估经营中面临的风险,对各类主要风险进行持续监控。

对金融风险进行管理，应在风险管理总体框架内设置各级专门管理部门，基层设置专门管理人员。金融风险的计量采取定性和定量相结合的方法，应开发定量计量方法，为风险控制奠定基础，提高综合风险管理水平。

（三）基于内部控制保障的金融风险信息交流与反馈

中国银监会的《指引》明确提出信息系统的建立、信息的处理和运用。商业银行应当建立健全信息系统控制，通过内部控制流程与业务操作系统和管理信息系统的有效结合，加强对业务和管理活动的自动控制。信息系统的建立和完善是金融风险管理水平提高的保障。风险量化管理方法往往要求有较长时间准确、完整的基础损失数据，这依赖数据库的建立和充实、信息系统功能的完善。

（四）基于内部控制评价的金融风险控制

中国银监会的《指引》对商业银行的内部控制评价有全面阐释：商业银行内部控制评价是对商业银行内部控制体系建设、实施和运行结果开展的调查、测试、分析和评估等系统性活动。商业银行应当建立内部控制评价制度，规定内部控制评价的实施主体、频率、内容、程序、方法和标准等，确保内部控制评价工作规范进行。商业银行应当根据业务经营情况和风险状况确定内部控制评价的频率，至少每年开展一次。当商业银行发生重大并购或处置事项、营运模式发生重大改变、外部经营环境发生重大变化时，或当商业银行发生其他有重大实质影响的事项时，应当及时开展内部控制评价。内部控制评价是金融风险控制的基础。

（五）基于内部控制监督的金融风险监测

中国银监会的《指引》对商业银行业务的监督评价提出了基本要求。商业银行内部审计部门、内控管理职能部门和业务部门均承担内部控制监督检查的职责，应根据分工协调配合，构建覆盖各级机构、各个产品、各个业务流程的监督检查体系。商业银行应当建立内部控制监督的报告和信息反馈制度，内部审计部门、内控管理职能部门、业务部门的人员应将发现的内部控制缺陷，按照规定报告路线及时报告董事会、监事会、高级管理层或相关部门。

可以说，《指引》对商业银行业务的内部控制进行了框架构建。以此为基础，进行定量化的过程监测，建立完善的管理体系，这样才能完成对金融风险的总体控制。

第三章　金融市场与金融产品

第一节　金融市场

金融市场是指资金供应者和资金需求者双方通过信用工具进行交易而融通资金的市场，广而言之，是实现货币借贷和资金融通、办理各种票据和有价证券交易活动的市场。

金融市场又称为资金市场，是资金融通的市场，包括货币市场、资本市场、商品市场、外汇市场。所谓资金融通，是指在经济运行过程中，资金供求双方运用各种金融工具调节资金盈余的活动，是所有金融交易活动的总称。在金融市场上交易的“商品”是各种金融工具，如股票、债券、储蓄存单等。资金融通简称为融资，一般分为直接融资和间接融资两种。直接融资是资金供求双方直接进行资金融通的活动，也就是资金需求者直接通过金融市场向社会上有资金盈余的机构和个人筹资。与此对应，间接融资则是指通过银行所进行的资金融通活动，就是资金需求者采取向银行等金融中介机构申请贷款的方式筹资。金融市场对经济活动的各个方面都有着直接深刻的影响，如个人财富、企业经营、经济运行效率都受金融市场活动的影响。

金融市场的构成十分复杂，它是由许多不同的市场组成的一个庞大体系。一般根据金融市场交易的期限，可把金融市场分为货币市场和资本市场两大类。货币市场是融通短期资金的市场，资本市场是融通长期资金的市场。货币市场和资本市场又可以进一步分为若干不同的子市场。

金融市场是金融工具或金融产品交易的场所（交易方式包括场内市场、场外市场、零售市场等），参加交易的投资者包括金融机构、企业与个人。金融机构包括商业银行、证券公司、基金公司与保险公司等，交易的金融工具包括银行存款、债券、股票、期货等。如果用形象的比喻就是，金融机构、个人构成了金融市场的骨骼与肌肤，金融工具、金融产品就是金融市场的血液。金融市场的“血液”无时无刻不在流动，经济繁荣时“血液”高速流动，经济衰退时“血液”流速降低。本书主要以金融产品作为分析研究对象。优质的金融产品可以为个人或机构提供优质的回报，同时还可以为金融市场提供充足的动力。图 3-1 所示为作者按自身理解所作的金融市场框架图，由于商品市场规模越来越大，所以将其单列出来。

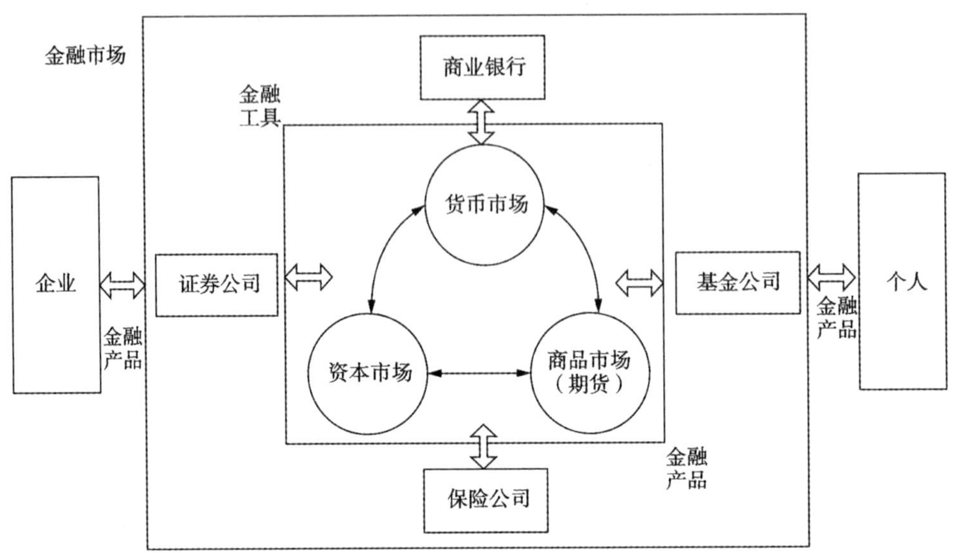

图 3-1　金融市场框架

一、货币市场

货币市场是短期资金市场，是指融资期限在 1 年以下的金融市场，是金融市场的重要组成部分。由于该市场所容纳的金融工具主要是政府、银行及工商企业发行的短期信用工具，具有期限短、流动性强和风险小的特点，在货币供应量层次划分上被置于现金货币和存款货币之后，称为"准货币"，所以将该市场称为货币市场。

一个有效率的货币市场应该是一个具有广度、深度和弹性的市场，其市场容量大，信息流动迅速，交易成本低，交易活跃且持续，能吸引众多的投资者和投机者参与。货币市场由同业拆借市场、票据贴现市场、可转让大额定期存单市场和短期证券市场四个子市场构成。

货币市场的产生和发展的初始动力是为了保持资金的流动性，借助于各种短期资金融通工具将资金需求者和资金供应者联系起来，既满足了资金需求者的短期资金需要，又为有暂时闲置资金的投资者提供了营利的机会。但这只是货币市场的表面功能，若将货币市场置于金融市场以至市场经济的大环境中，则可发现货币市场的功能远不止如此。货币市场既从微观上为银行、企业提供灵活的管理手段，使他们在对资金的安全性、流动性、营利性相统一的管理上更方便灵活，又为中央银行实施货币政策以调控宏观经济提供手段，为保证金融市场的发展发挥了巨大的作用。

二、资本市场

资本市场也称"长期金融市场"或"长期资金市场"，是期限在 1 年以上的各种资金借贷和证券交易的场所。资本市场上的交易对象是 1 年以上的长期证券。因为在长期金融活动中，涉及资金期限长、风险大，具有长期较稳定收入，类似于资本投入，故称为资本市场。

与货币市场相比，资本市场的特点主要有：①融资期限长。至少 1 年，也可以长达几十年，甚至无到期日，例如：股票无到期日。②流动性相对较差。在资本市场上筹集到的资金多用于解决中长期融资需求，故流动性和变现性都相对较弱。③风险大而收益较高。由于融资期限较长，发生重大变故的可能性也大，市场价格容易波动，投资者需承受较大风险。同时，作为对风险的报酬，其收益也较高。

在资本市场上，资金供应者主要是储蓄银行、保险公司、信托投资公司及各种基金和个人投资者；而资金需求方主要是企业、社会团体、政府机构等。其交易对象主要是中长期信用工具，如股票、债券等。资本市场主要包括中长期信贷市场与证券市场。

三、商品市场

这里的商品主要是指大宗商品，是可进入流通领域，但非零售环节，且具有商品属性，用于工农业生产与消费使用的大批量买卖的物质商品。在金融投资市场，大宗商品是指同质化、可交易、被广泛作为工业基础原材料的商品，如原油、有色金属、农产品、铁矿石、煤炭等，包括三个类别，即能源商品、基础原材料和农副产品。大宗商品市场同样是资本活跃的市场，主要由套期保值者和投机交易者构成。商品市场同时也是对冲基金活动的主要场所。

商品市场的特点如下：①价格波动大。只有当商品的价格波动较大时，有意回避价格风险的交易者才需要利用远期价格先把价格确定下来。而有些商品实行的是垄断价格或计划价格，价格基本不变，商品经营者就没有必要利用期货交易，来回避价格风险或锁定成本。②供需量大。期货市场功能的发挥是以商品供需双方广泛参加交易为前提的，只有现货供需量大的商品才能在大范围进行充分竞争，形成权威价格。③易于分级和标准化。期货合约事先规定了交割商品的质量标准，因此，期货品种必需是质量稳定的商品；否则，就难以进行标准化。④易于储存、运输。商品期货一般都是远期交割的商品，这就要求这些商品易于储存、不易变质、便于运输，以保证期货实物交割的顺利进行。

点睛：从形式上看，每个市场都是独立的，但是它们之间的相互联系非常密切，以货币市场与资本市场为例，图 3-2 所示为 2007 年银行间 14 日债券回购利率走势图。2007 年 9 月下旬，中国神华 A 股发行募集规模约 666 亿元的债券；2007 年 10 月下旬，中国石油、中国神华 A 股发行募集规模约 668 亿元，在同时期回购利率达到了历史较高水平，年化利率为 14%左右。

对于投资者而言，申购资金越大则中签股票数量越多。机构投资者可以通过债券回购的方式从其他金融机构拆入资金，用以提高其新股申购的中签数量。

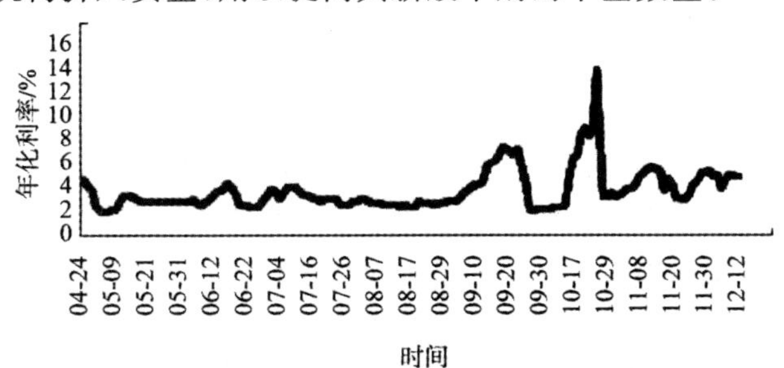

图 3-2 2007 年银行间 14 日债券回购利率走势图

（当时中国 A 股股市的申购方法为中签率＝发行股票额度/总申购金额）

第二节　金融机构

金融机构主要指专门从事各种金融业务活动的组织，是金融市场活动的重要参与者和中介，通过向经济发展各部门提供各种金融产品和金融服务来满足它们的融资需求。以是否吸收存款为标准，可将金融机构划分为存款性金融机构与非存款性金融机构；以活动领域为标准，可将金融机构划分为在直接融资领域活动的金融机构和在间接融资领域活动的金融机构。

一、存款性金融机构

存款性金融机构指经国家批准，以吸收存款为其主要资金来源的金融机构，主要包括商业银行、储蓄机构、信用合作社等。作为金融市场运行的主导力量，存款性金融机构既活跃于短期金融市场，如同业拆借市场、贴现市场、抵押市场、外汇市场，也活跃于股票、债券等长期金融市场。

（一）商业银行

商业银行是吸收公众存款、发放贷款、办理结算等业务的金融机构，其在金融市场上主要发挥供应资金、筹集资金、提供金融工具及金融市场交易媒介的作用。

（二）储蓄机构

储蓄机构是专门吸收储蓄存款为其资金来源的金融机构，其经营方针和经营方法不同于商业银行，其资金运用中有相当大的部分用于投资，同时它的贷款对象主要是其存款用户，而不是像商业银行那样面向全社会贷款，因而也有人将储蓄机构归入非银行金融机构。在金融市场上，储蓄机构与商业银行一样，既是资金的供应者，也是资金的需求者。

（三）信用合作社

信用合作社是由某些具有共同利益的个人集资联合组成的以互助、自助为主要宗旨的会员组织，规模一般不大，资金来源于会员交纳的股金和吸收的存款，资金运用则是对会员提供各种贷款、同业拆借或从事证券投资。近年来，随着金融竞争与金融创新的发展，信用合作社业务范围也在不断拓宽，在金融市场上发挥的作用也越来越大。

二、非存款性金融机构

非存款性金融机构的资金来源主要是通过发行股票、债券等有价证券或契约性的方式

筹集。作为金融市场上的另一类重要参与者,非存款性金融机构在社会资金流动过程中从最终借款人那里买进初级证券,并为最终贷款人持有资产而发行间接债券,以多样化的方式降低投资风险。非存款性金融机构包括保险公司、养老基金、投资银行、共同基金等。

(一)保险公司

保险公司是依法设立的、专门从事保险业务的经营组织,一般在经济比较发达的国家发展较快。根据业务不同,保险公司可以分为人寿保险公司和财产保险公司。人寿保险公司依靠出售人寿保险保单和人身意外伤害保单来收取保险费;财产保险公司则通过为企业及居民提供财产等意外损失保险来收取保险费。可见,保险公司的主要资金均来源于按一定标准收取的保险费。由于人寿保险公司的保险金一般要求在契约规定的事件发生或到约定的期限才支付,所以保险期限较长,保险费的缴纳类似于储蓄。因此,人寿保险公司的资金运用以追求高收益为目标,主要投资于资本市场上那些风险大、收益高的有价证券;而财产保险公司因为要支付随时可能发生的天灾人祸所产生的保险费用,保险期限相对较短,且要纳税,所以财产保险公司在资金的运用上比较注重资金的流动性。

一般保险公司在货币市场上购入不同类型的、收益相对稳定的有价证券,以追求收益最大化。目前,非存款性金融机构已成为金融市场上最重要的机构投资者和交易主体。

(二)养老基金

养老基金是一种类似于人寿保险公司的非存款性金融机构。其资金来源主要有两条途径:一是来源于社会公众为退休后的生活所准备的储蓄金,通常由劳资双方各缴纳一部分。而作为社会保障制度的一个非常重要的组成部分,养老金的缴纳一般由政府立法加以规定,因此,这部分资金来源是有保障的。二是基金运用的收益,养老基金通过发行基金股份或受益凭证,募集社会上的养老保险资金,委托专业基金管理机构用于产业投资、证券投资或其他项目的投资,以实现保值增值的目的。可见,养老基金是金融市场上的主要资金供应者之一。

(三)投资银行

投资银行是专门从事各种有价证券经营及相关业务的非银行性金融机构,在不同的国家有不同的称呼,在美国称为投资银行或投资公司,在英国称为商人银行,在中国和日本则称为证券公司。投资银行的业务主要有证券承销业务、证券自营业务、证券经纪业务和咨询服务业务等。在一级金融市场上,投资银行依照协议或合同为证券发行人承销有价证券业务。在二级金融市场上,投资银行一方面为了谋取利润,从事自营买卖业务,但必须对收益、风险及流动性作通盘考虑,从中做出最佳选择;另一方面,作为客户的代理人,或受客户的委托,代理买卖有价证券并收取一定的佣金是投资银行最重要的日常业务之一。投资银行代理客户买卖证券通常有两条途径:一是通过证券交易所进行交易;二是通过投资银行自身的柜台完成交易。投资银行还利用自身信息及专业优势，充当客户的投资顾问，向客户提供各种证券交易的情况、市场信息以及其他有关资料等方面的服务，帮助客户确定具体的投资策略。可见，在经济快速发展的今天，投资银行已成为金融市场上最重要的机构投资者，促进资金的流动和市场的发展。

（四）共同基金

共同基金是指基金公司依法设立，以发行股份的方式募集资金，投资者将资产委托给基金管理公司管理运作。按共同基金的组织形式，可以分为公司型基金与契约型基金，国内的共同基金为契约型基金。契约型基金又称为信托型基金或单位信托基金，是由基金经理人（即基金管理公司）与代表受益人权益的信托人（托管人）之间订立信托契约而发行受益单位，由经理人依照信托契约从事信托资产管理，由托管人作为基金资产的名义持有人负责保管基金资产。它将受益权证券化，通过发行受益单位，使投资者作为基金受益人，分享基金经营成果。

三、家庭或个人

在世界范围内，基于收入的多元化和分散特点，家庭或个人历来都是金融市场上重要的资金供给者，或者说是金融工具的主要认购者与投资者。

由于对各种金融资产选择的偏好不同，家庭或个人的活动领域极其广泛，遍及整个金融市场。对于那些将获得高额利息和红利收入作为投资目的的家庭或个人来说，可以在资本市场选择收益高、风险大的金融资产；而对于那些追求安全性为主的家庭或个人来说，则可以在货币市场上选择流动性强、收益相对低的金融资产。同时，家庭或个人由于受到自身资金等条件的限制，所以在某些金融市场上的投资也会受到诸多限制，但可以通过各种手段对已持有的金融工具进行转让，从市场上获得资金收益。

总之，金融市场交易者分别以投资者与筹资者的身份进入市场，其数量的多少决定金融市场规模的大小，一般来说，交易者踊跃参与的市场肯定要比交易者寥寥无几的市场繁荣得多；而金融市场的细微变化也会引起大量交易对手的介入，从而保持金融市场的繁荣。因此，金融市场的参与者对金融市场具有决定意义。

第三节　基础金融工具

一、原生金融工具

原生金融工具，是指在商品经济发展的基础上产生并直接为商品的生产与流通服务的金融工具,主要有股票、债券、基金等。

(1)股票。一种有价证券,它是股份有限公司公开发行的,用于证明投资者的股东身份和权益,并据以获得股息和红利的凭证。

(2)债券。债务人向债权人出具的、在一定时期支付利息和到期归还本金的债权债务凭证,上面载明债券发行机构、面额、期限、利率等事项。

(3)基金。又称投资基金,是指通过发行基金凭证(包括基金股份和受益凭证),将众多投资者分散的资金集中起来,由专业的投资机构分散投资于股票、债券或其他金融资产,并将投资收益分配给基金持有者的投资制度。

二、衍生金融工具

衍生金融工具,是指在原生金融工具的基础上派生出来的各种金融合约及其组合形式的总称,主要包括期货、金融互换及其组合等。

(1)期货合约。一种为进行期货交易而制订的标准化合同或协议。除了交易价格由交易双方在交易场所内公开竞价确定外,合约的其他要素包括标的物的种类、数量、交割日期、交割地点等,都是标准化的。

(2)股票价格指数期货。简称股指期货,是以股票价格指数作为交易标的物的一种金融期货。股指期货是为满足投资者规避股市的系统性风险和转移个别股票价格波动风险而设计的金融工具。

(3)金融互换。交易双方在约定的有效期内相互交换一系列现金流的合约。例如,汇率互换、利率互换等。

点睛:衍生金融工具的交易本质上是一个零和博弈,是对未来预期不同的投资者之间的博弈。

三、金融工具的基本特征

金融工具的种类繁多,不同的工具具有不同的特点,但总的来看,都具有以下四方面的共同特征。

(一)期限性

期限性一般是指金融工具都有规定的偿还期限,即债务人从借债到全部归还本息之前所经历的时间,如 1 年期的公司债券,其偿还期就是 1 年。对当事人来说,更具现实意义的是实际的偿还期限,即从持有金融工具之日起到该金融工具到期所经历的时间,当事人据此可以衡量自己的实际收益率。金融工具的偿还期有两种极端情况,即零期和无限期。零期是活期存单,无限期是股票或永久性债券,具有无限长的到期日。

(二)流动性

流动性是指金融工具在必要时能迅速转化为现金而不致遭受损失的能力。一般来说,金融工具的流动性与安全性成正比，与收益成反比。如国库券等一些金融工具就很容易变成货币，流动性与安全性都较强；而股票、公司债券等金融工具，流动性与安全性则相对较弱，但收益较高。决定金融工具流动性的另一个重要因素是发行者的资信程度，一般发行人资信越高，其发行的金融工具流动性越强。

（三）风险性

风险性是指购买金融工具的本金和预定收益遭受损失的可能性大小。由于未来结果的不确定性，所以任何一种金融工具的投资和交易都存在风险，如市场风险、信用风险、流动性风险等。归纳来看，风险主要来自两方面：一是债务人不履行约定未按时支付利息和偿还本金的信用风险；二是因市场上一些基础金融变量，如利率、汇率、通货膨胀等方面的变动而使金融工具价格可能下降带来的市场风险。相比之下，市场风险更难预测。

一般来说，风险性与偿还期成正比，与流动性成反比，即偿还期越长，流动性越差，则风险越大；同时，风险与债务人的信用等级也成反比。

（四）收益性

收益性是指持有金融工具能够带来一定的收益。金融工具的收益有两种：一种是固定收益，直接表现为持有金融工具所获得的收入，如债券的票面或存单上载明的利息率；另一种是即期收益，即按市场价格出售金融工具时所获得的买卖差价收益。收益的大小取决于收益率，收益率是持有期收益与本金的比例。对收益率大小的比较还要结合当时的银行存款利率、通货膨胀率以及其他金融工具收益率来分析，这样更科学。

第四节　金融产品

本书的主要内容是介绍金融数量分析，而金融数量分析的主要对象之一为金融产品。本节将对金融产品进行简要概述。金融产品是指根据不同投资群体或客户的需要，由基础金融工具根据某种结构和规则构建的组合，如图 3-3 所示。

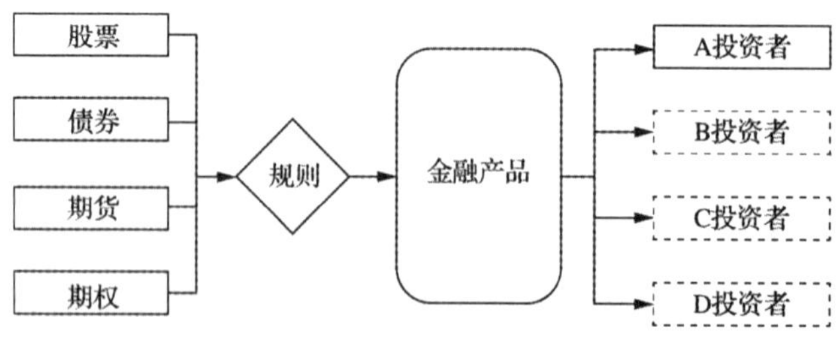

图 3-3　金融产品结构图

金融产品根据其构建的规则分为保本产品、股票挂钩产品、期货投资基金、杠杆化指数基金、优先与次级结构性产品等。

点睛:同一金融产品可能会分成许多等级,购买不同等级投资产品所承受的风险与收益是不同的。例如,CDO 的发行是以不同信用等级区分各系列证券的,基本上,分为高级、夹层和低级三个系列;另外,还有一个不公开发行的系列,多为发行者自行买回,相当于用此部分的信用支撑其他系列的信用,具有权益性质,故又称为权益性证券。当有损失发生时,由低级系列首先吸收,然后依次由夹层(通常信用评级为 B 级)和高级系列(通常信用评级为 A 级)承担。

第五节　金融产品风险

一、市场风险

市场风险是指投资品种的价格受经济因素、政治因素、投资心理和交易制度等各种因素影响而出现波动,导致收益水平变化,产生风险。市场风险主要包括以下几种。

(1)政策风险。货币政策、财政政策、产业政策等国家宏观经济政策的变化对资本市场产生一定的影响,导致市场价格波动,影响金融产品的收益而产生风险。

(2)经济周期风险。经济运行具有周期性的特点,受其影响,金融产品的收益水平也会随之发生变化,从而产生风险。

(3)利率风险。由于利率变动而导致的资产价格和资产利息的损益。利率波动会直接影响企业的融资成本和利润水平,导致证券市场的价格和收益率的变动,使金融产品收益水平随之发生变化,从而产生风险。

(4)上市公司经营风险。上市公司的经营状况受多种因素影响,如市场、技术、竞争、管理、财务等都会导致公司营利状况发生变化。如金融产品所投资的上市公司经营不善,与其相关的证券价格可能会下跌,或者能够用于分配的利润减少,从而使金融产品投资收益下降。

(5)购买力风险。金融产品的利润主要通过现金形式来分配,而现金可能因为通货膨胀的影响而导致购买力下降,从而使金融产品的实际收益下降。

(6)再投资风险。固定收益品种获得的本息收入或者回购到期的资金,可能由于市场利率的下降面临资金再投资的收益率低于原来收益率,从而对金融产品产生再投资风险。

二、管理风险

在金融产品运作过程中,管理人的知识、经验、技能等,会影响其对信息的占有和对经济形势、金融市场价格走势的判断(如管理人判断有误、获取信息不全或对投资工具使用不当等),影响金融产品的收益水平,从而产生风险。

三、流动性风险

金融产品的资产不能迅速转变成现金，或者转变成现金会对资产价格造成重大不利影响的风险。流动性风险按照其来源可以分为两类。

（1）市场整体流动性相对不足。证券市场的流动性受到市场行情、投资群体等诸多因素的影响，在某些时期成交活跃，流动性好；而在另一些时期，可能成交稀少，流动性差。在市场流动性相对不足时，交易变现有可能增加变现成本，对金融产品造成不利影响。

（2）证券市场中流动性不均匀，存在个股和个券流动性风险。由于流动性存在差异，使在市场流动性比较好的情况下，一些个股和个券的流动性可能仍然比较差，从而使得金融产品在进行个股和个券操作时，可能难以按计划买入/卖出相应的数量，或买入/卖出行为对个股和个券价格产生比较大的影响，增加个股和个券的建仓成本或变现成本。

四、信用风险

信用风险是指发行人是否能够实现发行时的承诺，按时足额还本付息的风险，或者交易对手未能按时履约的风险。信用风险包括以下两类。

（1）交易品种的信用风险。投资于公司债券、可转换债券等固定收益类产品，存在着发行人不能按时足额还本付息的风险。此外，当发行人信用评级降低时，金融产品所投资的债券可能面临价格下跌的风险。

（2）交易对手的信用风险。交易对手未能履行合约，或在交易期间未如约支付已借出证券产生的所有股息、利息和分红，而使金融产品面临的信用风险。

五、操作风险

（1）技术或系统风险。在金融产品的日常交易中，可能因为技术、系统的故障或差错而影响交易的正常进行，或导致委托人的利益受到影响。这种技术风险可能来自管理人、托管人、证券交易所、证券登记结算机构等。

（2）流程风险。管理人、托管人、证券交易所、证券登记结算机构等在业务操作过程中，因操作失误或操作规程不完善而引起的风险。

（3）外部事件风险。战争、自然灾害等不可抗因素的出现，将会严重影响证券市场的运行，可能导致委托资产的损失，从而带来风险。

（4）法律风险。公司被提起诉讼或业务活动违反法律或行政法规，由此可能承担行政责任或者赔偿责任，导致委托资产损失的风险。

六、合规性风险

合规性风险是指计划管理或运作的过程中，可能出现违反国家法律、法规的规定，或计划投资违反法规及合同有关规定的风险。

七、其他风险

金融产品的风险还包括因业务竞争压力可能产生的风险，或管理人、托管人因丧失业务资格、停业、解散、撤销、破产等，可能导致委托资产的损失，从而带来风险。

第四章　现代投资组合管理

第一节　马科维茨投资组合理论

风险与收益相伴而生。投资者大多采用组合投资以便降低风险，但分散化投资在降低风险的同时，也可能降低收益。针对风险和收益这一矛盾，马科维茨(Markowitz)用数学中的均值和方差，运用线性规划方法来处理收益与风险的权衡问题，使人们按照自己的风险偏好精确地选择一个确定风险下能提供最大收益的资产组合。马科维茨因此获得 1990 年诺贝尔经济学奖。

一、收益与风险

对于测量标的资产的持有期收益，通常有简单收益率与对数收益率两种指标。

(一)简单收益率

若用 P_t 表示时间 t 的标的资产价格，P_{t-1} 表示 $t-1$ 时刻的标的资产价格，则标的资产在时间 t 的单期简单收益率为：

$$R_t=\frac{P_t}{P_{t-1}}-1 \tag{4-1}$$

这里的时间期限可以是一天或其他一个特定的期限，通常时间较短。

(二)对数收益率

标的资产在时间 t 的单期对数收益率为：

$$r_t=\frac{P_t}{P_t-1}=1+R_t \tag{4-2}$$

将式子在 $R_t=0$ 处展开，取一阶近似，有 $r_t\propto R_t$。

(三)风险

用统计的语言来描述，风险就是实际收益率与期望收益率的偏离度。这样就可以用收益的方差 σ^2 或标准差 σ 来表示风险：

$$\sigma^2 = \frac{\sum_{i=1}^{N}(r_i - \mu)^2}{N} \tag{4-3}$$

式中，μ 为期望收益率，N 为收益率个数。

二、风险态度

投资者对于风险的态度分为以下三种。

(1)风险厌恶型。确定性等值<期望值。

(2)风险中立型。确定性等值=期望值。

(3)风险偏好型。确定性等值>期望值。

大多数投资者属于风险厌恶者，对不断提高的风险要求更高的回报。

三、包含两种资产的投资组合的收益和风险

投资组合只包含两种风险资产 A、B。资产 A 初始投资权重为 w_1(资产 A 初始投资额度占总初始投资额度的比值)，其收益率为 $E(r_1)$；资产 B 初始投资权重为 w_2，其收益率为 $E(r_2)$，则投资组合的预期收益率为：

$$E(r_p) = w_1E(r_1) + w_2E(r_2) \tag{4-4}$$

投资组合的均方差为：

$$\sigma_p = \sqrt{w_1^2\sigma_1^2 + w_2^2\sigma_2^2 + 2w_1w_2\rho_{12}\sigma_1\sigma_2} \tag{4-5}$$

式中，ρ_{12} 代表资产 A 与资产 B 之间的相关系数。

相关系数 ρ_{12} 反映资产 A 与资产 B 收益率之间的相关性，其取值范围在-1～1。相关系数的绝对值越高，表明资产 A 与资产 B 收益率之间的联动性 越高。若 $\rho_{12}>0$，说明资产 A 与资产 B 的收益率倾向于同方向变动；$\rho_{12}<0$，则说明资产 A 与资产 B 的收益率倾向于反方向变动。

四、包含多种资产的投资组合的收益和风险

(一)投资组合的预期收益

假设组合的收益为 r_p，组合中包含 n 种资产，每种资产的收益为 r_i，它在组合中的权重是 w_i，则投资组合收益的期望值为：

$$E(r_p) = E(\sum_{i=1}^{n} w_i r_i) = \sum_{i=1}^{n} w_i E(r_i) \tag{4-6}$$

(二)投资组合的风险

投资组合的方差不仅与其组成资产的方差有关，还与组成资产之间的相关程度有关，这

种相关程度可用相关系数或协方差来表示。协方差的计算公式为：

$$\mathrm{Cov}(r_1, r_2) = E\{[r_1 - E(r_1)][r_2 - E(r_2)]\} \tag{4-7}$$

为了更清楚地说明两种资产之间的相关程度，通常把协方差标准化，使用资产 i 和资产 j 的相关系数 ρ_{ij}，表达式为：

$$\rho_{ij} = \mathrm{Cov}_{ij} / \sigma_i \sigma_j \tag{4-8}$$

投资组合的方差满足下列公式：

$$\sigma_{\mathrm{p}}^2 = \sum^{n} \sum^{n} \mathrm{Cov}_{ij} w_i w_j = w^{\mathrm{T}} \sum w \tag{4-9}$$

（三）n 种风险资产组合的有效前沿

（1）可行集。资产可构造出的所有组合的期望收益和方差。

（2）有效组合。根据既定风险下收益最高或者既定收益下风险最小的原则建立起来的证券组合。每一个组合代表一个点。

（3）有效前沿。又称为有效集，它是有效组合的集合（点的连线），即在坐标系中有效组合的预期收益和风险的组合形成的轨迹。

（4）投资者的最优资产组合将从有效前沿中产生。n 种风险资产组合的有效前沿如图 4-1 所示。

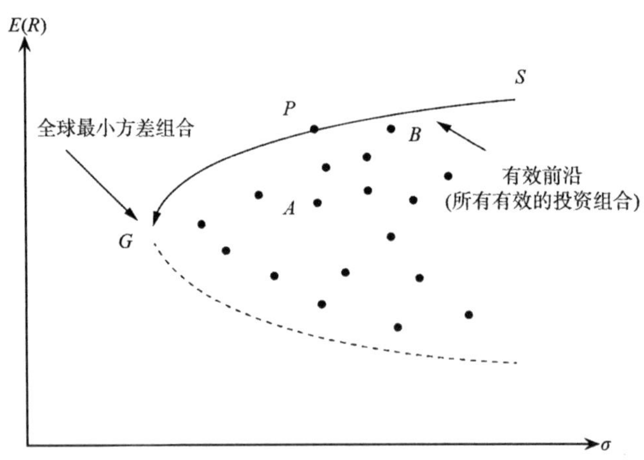

图 4-1　多元证券组合下的有效前沿

如图 4-1 所示，整个可行集中，G 点为最左边的点（具有最小标准差）。从 G 点沿可行集右上方的边界直到整个可行集的最高点 S（具有最大期望收益率），这一边界线 GPS 即是有效前沿。

有效前沿 GPS 上的 P 点所对应的投资组合，与可行集内其他点所对应的投资组合（如 A 点）相比，在相同风险水平下，具有最大的预期收益率。与 B 点相比，在相同的收益水平下，P 点承担的风险又是最小的。

五、马科维茨投资组合理论基本假设

(1)所有投资都是完全可分的，每一个人可以根据自己的意愿(和支出能力)选择尽可能多的或尽可能少的投资。

(2)一个投资者愿意仅在收益率的期望值和标准差这两个测度指标的基础上选择投资组合。

(3)投资者事先知道投资收益率的概率分布，并且收益率满足正态分布。

(4)一个投资者在不同的投资组合中选择遵循效用最大化原则。①如果两个投资组合有相同的收益标准差和不同的预期收益，高的预期收益的投资组合更为可取；②如果两个投资组合有相同的预期收益和不同的标准差，小的标准差的组合更为可取；③如果一个组合比另外一个有更小的收益标准差和更高的预期收益，它更为可取。

(5)人们的风险态度都是风险厌恶的。

六、马科维茨投资组合模型的定义

马科维茨均值—方差模型的目的是寻找有效前沿，有效前沿即多目标优化问题的 Pareto 解(风险一定，收益最大；收益一定，风险最小)。具体模型如下：

$$\min \sigma_p^2 = \boldsymbol{W}^{\mathrm{T}} \sum W \tag{4-10}$$

$$\max E(r_p) = \boldsymbol{W}^{\mathrm{T}} R \tag{4-11}$$

$$\text{s. t. } \sum_{i=1}^{n} \omega_i = 1 \tag{4-12}$$

式中，$E(r_p)$是投资组合收益的期望，σ_p^2 是投资组合收益的方差，Σ是 n 种资产的协方差矩阵，资产预期收益率 $\boldsymbol{R}=(R_1R_2\cdots R_n)^r$，$R_i$ 是第 i 种资产的预期收益率。式子的模型是求解资产组合的权重向量 $\boldsymbol{W}=(w_1w_2\cdots w_n)$。

第二节　资本资产定价模型

资本资产定价模型(CAPM)是由美国斯坦福大学教授夏普等在马科维茨投资组合理论基础上提出的一种证券投资理论。在所有人按照马科维茨组合理论投资的情况下，CAPM 理论给出了资产的预期收益和预期风险之间的线性关系。CAPM 理论包括资本市场线(CML)和证券市场线(SML)两个部分。

诺贝尔经济学评奖委员会认为 CAPM 已构成金融市场现代价格理论的核心，它是证券投资实际研究和决策的一个重要基础。

一、CAPM 模型的假设

CAPM 以马科维茨投资组合理论为基础，其假设条件对 CAPM 仍然适用，但 CAPM 的有关假设更为严格，基本假设如下。

(1)没有交易成本。在模型中包含交易成本会增加很多复杂性。

(2)资产可以无限分割。投资者的投资范围仅限于公开金融市场上交易的资产。这一假定排除了投资于非交易性资产。而且，资产的数量是固定的。同时，所有资产均可交易而且可以完全分割。这意味着投资者对一项投资可以持有任意的单位数量，例如投资者可以用 1 美元购买微软公司的股票。

(3)投资者无须纳税。即不存在证券交易费用，包括佣金和服务费等，个人不在意获得投资收益的形式(股利或价差收益)。

(4)完全竞争市场。由于存在大量的投资者，从而任何单个的投资者都只是价格的接受者，任何人都无法操纵市场。

(5)投资者根据投资组合在单一投资期内的预期收益率和标准差来评价这些投资组合。投资者都是理性的，是风险厌恶者，他们追求投资资产组合标准差的最小化，也就是风险的最小化。他们追求期望效益最大化。

(6)允许卖空。个人投资者可以卖空一只股票的任意数量。

(7)投资者可以用无风险利率不受限制地贷出或借入资金。

(8)一致性预期。投资者对于各种资产的收益率、标准差、协方差矩阵等具有相同的预期。因此无论证券的价格如何，所有投资者的投资顺序都一样。

(9)所有资产都是可交易的。所有资产，包括人力资本都可以在市场上买卖。

(10)单期投资。所有投资者都在同一证券持有期内计划自己的投资行为。这种行为是短视的，因为它忽略了在持有期结束时点上发生的任何事件的影响，而短视行为通常不是最优行为。

二、资本配置线(CAL)

马科维茨投资组合理论给出了由 n 种风险资产构成的资产组合的有效前沿。接下来将讨论当市场提供无风险资产后，风险厌恶的投资者又会做出怎样的投资策略。

假设市场上只存在两项资产：无风险资产和风险资产。以 R_m 表示风险资产的预期收益率，σ_m 表示风险资产的标准差，R_f 代表无风险资产的收益率。以 Q 表示投资者对风险资产的投资额占其自有资金的比例，$(1-Q)$ 为对无风险资产的投资比例。假设无风险资产与风险资产构成的资产组合的预期收益率和标准差分别为 R_p 和 σ_p，由于无风险资产的标准差等于 0，因此无风险资产与风险资产的相关系数等于 0，此时有：

$$R_p = QR_m + (1-Q)R_f \tag{4-13}$$

$$\sigma_p = Q\sigma_m \tag{4-14}$$

(1)当 $Q=0$，即投资者将全部自有资金投入无风险资产，此时投资组合的预期收益率 $R_p=R_f$，投资组合的标准差 $\sigma_p=0$。

(2)当 $Q=1$，即投资者将全部自有资金投入风险资产，此时投资组合的预期收益率 $R_p=R_m$，投资组合的标准差 $\sigma_p=\sigma_m$。

连接坐标点$(0,R_f)$与(σ_m,R_m)得到的直线方程为：

$$R_p = R_f + \frac{R_m - R_f}{\sigma}\sigma_p \tag{4-15}$$

图 4-2 所示的资本配制线中，a 点表示资金全部投资于无风险资产，此时 $Q=0$；am 段表示资金投资于无风险资产 a 和风险资产 m 的组合，此时 $Q<1$；m 点表示投资者将全部自有资金投资于风险资产 m，既没有贷出资金，也没有借入，此时 $Q=1$，mb 段表示投资者不仅把全部自有资金投资于风险资产 m，而且借入资金进一步投资于风险资产 m，借入资金时，投资者承担的风险大于仅投资风险资产的风险，此时 $Q>1$。

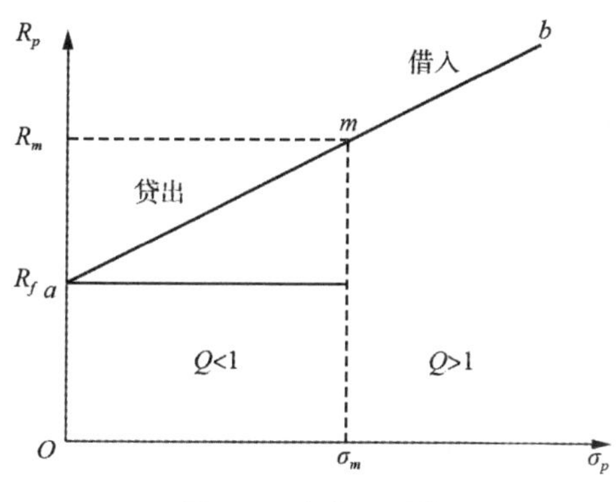

图 4-2　资本配置线

三、资本市场线(CML)

风险资产可以是资产组合可行集中的任何一点，意味着以 R_f 为起点，可以有无数条由无风险资产和风险资产构成的资本配置线。而由无风险资产和风险资产构成的有效集，只能是通过 R_f 点对多种资产组合有效集所做的切线，该切线为资本市场线，M 点为切点，M 点代表的资产组合称为市场组合，如图 4-3 所示。

(一)资本市场线的含义

(1)无风险资产和风险资产组合的有效前沿。

(2)除了两者相交的切点 M 之外，资本市场线上的任何一点(即无风险资产和切点 M 的某种组合)都要优于风险资产组合有效前沿中的组合。原风险资产组合的有效前沿被资本市场线 AM 取代。

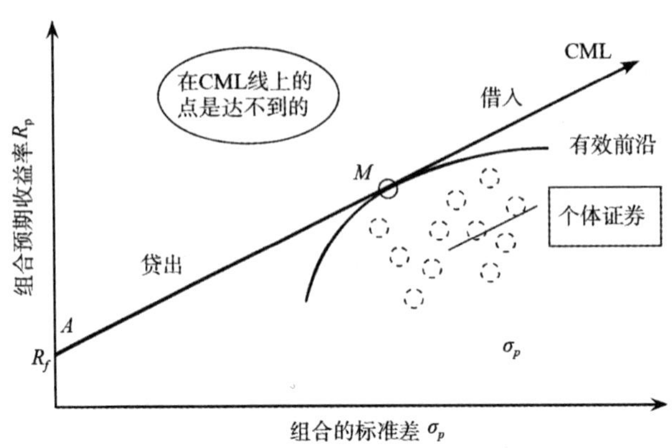

图 4-3　资本市场线

(3)存在无风险资产时，原先风险资产组合的有效前沿只剩下切点 M 点为唯一最有效的风险资产组合，称为“市场组合”。市场组合包含了所有的证券，而且每种证券的投资比例必须等于各种证券总市值与全部证券总市值的比例。

(4)所有的投资者，无论他们的风险态度如何不同，都会将切点组合(风险组合 M)与无风险资产 A 混合起来作为自己的最优风险组合。因为资本市场线在马科维茨有效前沿的左上方，所以风险相同的情况下，资本市场线上收益更高；相同收益的情况下，资本市场线上风险更小。

(二)资本市场线(CML)的表达式

$$R_p = R_f + \frac{R_M - R_f}{\sigma_M}\sigma_p \tag{4-16}$$

其中，R_M 和 σ_M 为市场组合的预期收益率与风险。

由式(4-16)可知，资本市场线描述的是当资本市场处于均衡状态下(供给等于需求)，由多个资产构成的有效组合的预期收益率与标准差之间的线性关系。在均衡状态下，任何一个最优组合都是由市场组合 M 与无风险资产构成的。资本市场线是资本配置线(CAL)的一个特例。

综上所述，CML 的实质就是允许无风险借贷下的新有效前沿，它反映了当资本市场达到均衡时，投资者将资金在市场组合 M 和无风险资产之间进行分配，从而得到所有有效组合的预期收益和风险的关系。

四、证券市场线(SML)

(一)非系统性风险

非系统性风险是指产生于某一证券或某一行业的独特事件，如破产、违约等，与整个证券市场不发生系统性联系的风险。即总风险中除了系统性风险外的偶发性风险，或称残余风险和特有风险。非系统性风险可以通过组合投资予以分散，因此，投资者可以采取措施来规避它，市场不会对非系统性风险进行补偿。

（二）系统性风险

系统性风险是指由于公司外部不为公司所预计和控制的因素造成的风险，如“9·11”事件、中央银行调整利率等。它是由宏观政治和经济因素导致的风险，不以投资人的意志为转移，投资者无法通过投资组合分散化来减少和消除系统性风险，市场只对系统性风险进行补偿。

（三）系统性风险的度量——β 系数

β 系数的含义有如下三种：

(1)某资产的收益率与市场组合收益率之间的相关性。

(2)某资产收益率的变动相对于市场组合收益率变动的倍数。

(3)某资产的系统性风险相对于整个市场风险的倍数。

β 系数的定义式为：

$$\beta_i = \frac{\mathrm{Cov}(r_i, r_M)}{\sigma_M^2} \tag{4-17}$$

由式(4-17)可见，衡量单个证券风险的关键是该证券与市场组合的协方差，即 $\mathrm{Cov}(r_i, r_M)$，而不是证券本身的方差。

β 系数体现的是具体某个证券对市场组合风险的贡献度。对于无风险资产，$\beta=0$；对于最大限度分散风险的市场组合，$\beta=1$；当 $\beta>1$ 时，意味着该证券要承担高于市场组合的风险，为进取型证券；当 $\beta<1$ 时，意味着该证券相对于市场组合波动水平不敏感，为防御型证券。在一般情况下，将某个具有一定权威性的股指(市场组合)作为测量股票 β 值的基准，例如道琼斯指数等。

若市场投资组合是有效的，则任一资产 i 的期望收益满足如下关系式：

$$R_i = R_f + \beta_i(R_M - R_f) \tag{4-18}$$

其中，R_i 为风险资产 i 的预期收益率；R_M 为市场组合的期望收益率，R_f 是投资者为补偿承担超过无风险收益的平均风险而要求的额外收益，即市场风险溢价；$\beta_i(R_M - R_f)$ 是资产 i 的系统性风险的溢价。

式(4-18)表明，单个证券 i 的预期收益率可以理解为：

$$\text{预期收益率} = \text{无风险收益率} + \text{系统风险补偿率} \tag{4-19}$$

式(4-19)代表的就是证券市场线(SML)，如图 4-4 所示，证券市场线是一条以无风险利率为截距、以市场风险溢价为斜率的直线，斜率的大小由投资者的风险厌恶感程度决定，风险厌恶感越强，市场风险溢价越大，斜率也越大。

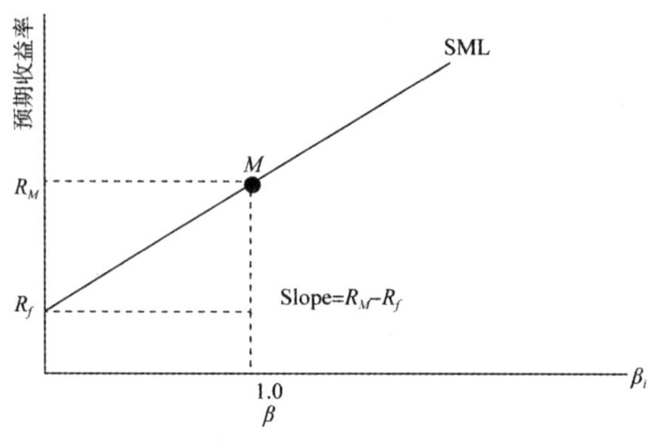

图 4-4　证券市场线

CAPM 模型的表现形式就是证券市场线。CAPM 模型不仅适用于每一种证券，而且反映了任意证券组合的预期收益和风险之间的均衡关系。当市场是均衡的，那么任何资产或投资组合代表着其市场实际价格与理论市场均衡的价格相等，都会处于 SML 上。

在实际中，我们可以利用某个证券的实际期望收益率与通过 CAPM 测算出来的期望收益率相比较，来考察证券价格是否被低估或高估。当实际期望收益率高于 CAPM 模型计算出来的收益率时，可以认为证券价格被低估。

第三节　应用 CAPM 模型进行绩效评估

在衡量资产组合的业绩时，仅仅关注收益率回报是不够的，还必须同时考虑风险。因此，资产组合业绩的计量指标都将风险和收益同时考虑在内。最早的一些指标是由资产组合理论和 CAPM 模型发展出来的。

一、夏普比率

夏普比率是指承担每一单位投资组合风险可给予的风险溢价，定义式为：

$$S_p = \frac{R_p - R_f}{\sigma_p} \tag{4-20}$$

其中，R_p代表组合的预期收益率；R_f为无风险收益率；σ_p为组合收益率标准差。

所谓夏普比率，就是资本市场线 CML 中的斜率项，如果要考察某一资产组合而不是市场组合，夏普比率为资产组合与无风险资产相比得到的超额收益或者风险溢价除以资产组合的总风险。通常夏普比率越高，代表组合的业绩越好，吸引力也越大。

由于夏普比率使用标准差度量总风险（包含系统性风险与非系统性风险），因此，夏普比率适用于评估那些非充分分散化处理的投资组合。目前，夏普比率在业内使用得较为广泛，许多理财产品与基金使用夏普比率来衡量业绩。

二、特雷诺比率

特雷诺比率是指承担每一单位系统风险可给予的风险溢价，定义式为：

$$T_p=\frac{E(R_p)-R_f}{\beta_p} \tag{4-21}$$

由于特雷诺比率用值度量风险，仅考虑资产组合的系统性风险，不考虑非系统性风险，因此，特雷诺比率仅适用于评估已充分分散投资的资产组合业绩，例如特雷诺比率不适于分析或解释非权益类基金的业绩。

三、詹森阿尔法

詹森阿尔法是指资产组合超过 $CAPM$ 理论预期的超额收益，定义式为：

$$\alpha_p=R_p-[R_f+\beta_p(R_M-R_f)] \tag{4-22}$$

式中，$R_f+\beta_p(R_M-R_f)$是 CAPM 模型预测的组合收益；R_p 是组合的实际收益。α_p 是实际收益与理论收益之间的额外收益。

α_p 值的大小衡量了基金经理在多变的金融市场中预测未来金融工具价格的绝对能力。基金经理通常必须去积极主动投资，去承担未完全分散化的非系统性风险，否则被动投资完全可以简单地由投资者自己完成，而没必要去买基金了。我们经常听到的基金“阿尔法策略”指的就是詹森阿尔法。

四、跟踪误差

跟踪误差(TE)主要用来对指数型投资组合进行绩效分析，跟踪误差越低，表示指数型投资组合跟踪指数的能力越高。其公式为：

$$TE=\sigma(R_p-R_B) \tag{4-23}$$

式中，R_B 代表基准组合的收益率；R_p 代表投资组合的收益率。

五、信息比率

信息比率(IR)是指承担每一单位非系统风险可给予的风险溢价，定义式为：

$$IR=\frac{E(R_p)-E(R_B)}{\sigma(R_p-R_B)}=\frac{\alpha_p}{\sigma(e_p)} \tag{4-24}$$

式中，α_p 为詹森阿尔法；$\sigma(e_p)$为超额收益的标准差，也就是跟踪误差。

信息比率可用于考察基金经理的投资技巧，即在相同公开信息条件下，基金经理相比于基准能获取多少风险调整后的超额回报。一般来说，信息比率达到 0.5 则可以说表现很好了。

六、索提诺比率

索提诺比率(SOR)是指承担每一单位的下跌风险可给予的风险溢价。它可以看作增强型的夏普比率。不过，索提诺比率使用最小可接受收益率(MAR)取代了夏普比率中的无风险利率。顾名思义，最小可接受收益率是投资者可接受的最低收益率水平。

$$\mathrm{SOR}=\frac{R_p-\mathrm{MAR}}{\sigma_d} \tag{4-25}$$

式中，半标准差 σ_d 在这里衡量的是那些未超过基准收益 MAR 的数据的离散程度，用于度量收益率的下行风险。

索提诺比率更适合衡量回报不对称的组合绩效，该比率越高，表明基金经理更擅长控制收益下行的风险，因此，索提诺比率可视为一个评价基金经理风险控制能力的理想指标。

第四节　因素模型

经济学家使用因素模型来解释影响风险资产收益率的共同变动机制因素模型提供了一种分解资产收益风险的有效方法，有助于投资者预期合理收益率并区分资产的不同风险特征。

一、单因素模型

CAPM 模型中，投资者仅对承担的系统风险要求补偿。实际上，系统风险是由整体市场宏观因素波动造成的。沿用这一思路，如果我们能够把所有公司外部的因素组成一个宏观经济指示器，假定它影响整个证券市场，同时，进一步假定除了这个通常的影响之外，股票收益的所有剩余不确定性都是公司特有的，这就意味着，证券之间的相关性除了通常的经济因素之外，没有其他来源了。而内部特有的因素对公司股价影响的期望值是零，即随着投资的分散化，这类因素的影响在逐渐减少。

对于证券 i，在 t 时刻的单因素模型为：

$$R_i=E(r_i)+\beta_i F+e_i \tag{4-26}$$

其中，r_i 为资产 i 的实际收益率；$E(r_i)$ 为资产 i 的预期收益率；F 表示宏观因素的不确定性，其期望值为 0；β_i 表示资产 i 对宏观因素的敏感程度；e_i 为非预期的公司 i 特有事件的影响，满足 $E(e_i)=0$，$\mathrm{Cov}(e_i,e_j)=0(i\neq j)$，$\mathrm{Cov}(F,e_i)=0$。

这样一来，就可以简要地将宏观经济因素与公司特有因素对股票价格的影响区分开来。

二、多因素模型

多因素模型认为，任意证券 i 的收益率取决于多个因素：

$$r_i = E(r_i) + \beta_{i,1}F_1 + \beta_{i,2}F_2 + \cdots + \beta_{i,k}F_k + e_i \tag{4-27}$$

式中，r_i 为资产 i 的收益率；$E(r_i)$为资产 i 的预期收益率；F_k 表示第 k 个宏观因素偏离预期值的离差，其对应系数 $\beta_{i,k}$度量了资产 i 收益对该因素的敏感程度，因此，该系数又被称为因子载荷或因子贝塔。

三、Fama-French 三因素模型

尤金·法玛和肯尼思·弗伦奇的三因素模型认为，股价的超额收益率可以由三个风险因素解释，分别是与市场相关的风险因素即市场超额收益率、与公司规模相关的规模因子(SMB)、与账面和市值比相关的账面市值比因子(HML)。该三因素模型表达式为：

$$R_i - R_f = \alpha_i + \beta_{iM}(R_M - R_f) + \beta_{iSMB}\,\mathrm{SMB} + \beta_{iHML}\,\mathrm{HML} + e_i \tag{4-28}$$

式中，SMB 代表小公司股票组合收益率和一个大公司股票组合收益率的差值；HML 为高账面一市值比的股票投资组合的收益率与低账面—市值比的股票投资组合的收益率的差值。

在该模型中，$(R_M - R_f)$用于测量宏观经济因素的系统性风险。选中 SMB 与 HML 这两个公司特征变量的原因是：通过长期的实证研究发现，公司市值和账面—市值比可用于预测平均股票收益。通常，高账面—市值比的公司更容易陷入财务危机，而小公司对商业条件变化更加敏感。因此，尽管 SMB 和 HML 这两个变量明显不是相关风险因素的代理变量，但这些变量可近似地代替未知的基本变量，从而反映宏观经济风险因素的敏感度。

从 20 世纪 60 年代到 80 年代后期，CAPM 是金融学的主导模型，而威廉·夏普也因为这个理论获得了 1990 年的诺贝尔经济学奖。从 20 世纪 90 年代初期到最近，Fama-French 三因素模型是主导模型，而尤金·法玛于 2013 年获得了诺贝尔经济学奖，三因素模型被评选委员会肯定为金融学过去 25 年最重大的成就之一。

三因素模型对投资界有深远的影响，将股票按市值和账面—市值比这样的特征进行划分就是一例。股票按照市值大小划分为小盘股、中盘股和大盘股；按账面—市值比划分为价值型、平衡型和成长型。而衍生的股票指数的编制方式、基金持股风格的划分也受到三因素模型的影响。

第五节 套利定价理论

套利，简单地说，就是没有资金的投入，也不承担风险，却获得了正的回报。这种状况只能存在于证券价格发生错误的时候，通过卖空被高估的资产、买入被低估的资产来实现。套利概念是资本市场理论的核心，即当市场均衡时，无套利机会；当市场处于不均衡状态时，价格偏离了由供需关系所决定的价值，此时就出现了套利的机会，而套利力量将会推动市场重建均衡。

一、套利定价理论的假设条件

套利定价理论（APT）模型的假设为：

（1）有足够多的证券来构建充分分散风险的资产组合，这个充分分散风险的资产组合的非系统风险为零。

（2）有效市场不允许有持续的套利机会存在。

（3）所有投资者具有相同的预期，任何证券 i 的回报率满足 k 因素模型：

$$r_i = E(r_i) + \beta_{i1}F_1 + \beta_{i2}F_2 + \cdots + \beta_{ik}F_k + e_i \tag{4-29}$$

其中，$E(e_i)=0$，$\mathrm{Cov}(e_i,e_j)=0$，$\mathrm{Cov}(F_j,e_i)=0$，F_j 是均值为 0 的第 j 个因子。

APT 的基本假设可归纳为：完善的证券市场不允许任何套利机会存在；因素模型能描述证券收益；市场上有足够的证券来分散风险。APT 是将因素模型与无套利条件相结合，从而得到期望收益和风险之间的关系。

二、单因素 APT 模型

我们考虑只存在一个具有系统性影响的宏观因子的情况，充分分散化组合的期望收益率可以表达为：

$$r_p = E(r_p) + \beta_p F \tag{4-30}$$

用两个充分分散化的投资组合 u、v 以及无风险资产去构建一个套利组合 z，三者的权重分别为 $w(u)$、$w(v)$、$w(f)$，两个组合的期望收益率分别记为 $E(u)$ 和 $E(v)$，无风险资产的收益率为 r_f，则根据套利组合的定义有：

该套利组合在期初不需要投入任何资金，则组合的权重为 0，即：

$$w(u) + w(v) + w(f) = 0 \tag{4-31}$$

该套利组合不承担任何系统风险，则：

$$\beta_z = w(u)\beta_u + w(v)\beta_v = 0 \tag{4-32}$$

套利者的存在使得最终在达到均衡时，该组合由于不承担任何系统风险，因此获得的期望回报为 0，即：

$$E(r_z) = w(u)E(r_u) + w(v)E(r_v) + r_f = 0 \tag{4-33}$$

联立式（4-31）～式（4-33），可以得到：

$$\frac{E(r_u) - r_f}{\beta_u} = \frac{E(r_v) - r_f}{\beta_v} \tag{4-34}$$

由上式可以得出以下结论：

（1）若两个充分分散化的投资组合具有相同的值，即对宏观经济因素的敏感度相同，则在市场达到均衡时，一定具有相同的期望收益。

（2）两个资产组合的风险溢价与贝塔值成比例。

（3）考虑 CAPM 模型中所述的充分分散市场组合 M，它的贝塔值为 1，则一个资产组合

P 与市场组合 M 的关系为：

$$E(r_p)=r_f+\beta_p[E(r_M)-r_f] \tag{4-35}$$

可以证明，几乎所有单个证券的预期收益率 $E(r_i)$ 也满足关系式。

因此，AFT 运用更为宽松的假定和完全不一样的思路推导出了和 CAPM 一致的定价公式。APT 是 CAPM 的拓展，不同的是，APT 的基础是因素模型。CAPM 是建立在一系列严格假设下的理想化模型，其中一个重要的假定是，所有投资者都在马科维茨的均值方差有效边界上选择风险资产。相反，APT 的前提假设简单得多，它不但大大减少了 CAPM 的方差和协方差的计算量，而且使得套利定价理论更符合市场运作的实际。

第五章 Python 基础知识概述

第一节 Python 的发展历程和影响

自从 20 世纪 90 年代初 Python 语言诞生至今，它已被逐渐应用于系统管理任务的处理和 Web 编程。

Python 的创始人是 Guidovan Rossum。1989 年圣诞节期间，在阿姆斯特丹，Guido 为了打发圣诞假期的无趣，决心开发一个新的脚本解释程序，作为 ABC 语言的一种继承。之所以选择 Python 作为该编程语言的名字，是因为他是 Monty Python 喜剧团体的爱好者。

ABC 语言是由 Guido 参加设计的一种教学语言。就 Guido 本人看来，ABC 语言非常优秀和强大，是专门为非专业程序员设计的。但是 ABC 语言并没有成功，究其原因，Guido 认为是其非开放造成的。Guido 决心在 Python 中避免这一错误。同时，他还想实现在 ABC 语言中闪现过但未曾实现的东西。

就这样，Python 在 Guido 手中诞生了。可以说，Python 是从 ABC 发展起来的，主要受到了 Modula－3(另一种相当优秀且强大的语言，为小型团体所设计)的影响，并结合了 Unixshell 和 C 语言的习惯。

目前，Python 已经成为最受欢迎的程序设计语言之一。自 2004 年以后，Python 的使用率呈线性增长。2011 年 1 月，它被 TIOBE 编程语言排行榜评为 2010 年度最受欢迎的语言。

由于 Python 语言的简洁性、易读性以及可扩展性，在国外用 Python 做科学计算的研究机构日益增多，一些知名大学已经采用 Python 语言来教授程序设计课程。例如，卡耐基梅隆大学的编程基础、麻省理工学院的计算机科学及编程导论就使用 Python 语言讲授。

说起科学计算，首先会被提到的可能是 MATLAB。除了 MATLAB 的一些专业性很强的工具箱还无法替代之外，MATLAB 的大部分常用功能都可以在 Python 中找到相应的扩展库。和 MATLAB 相比，用 Python 做科学计算有如下优点。

首先，MATLAB 是一款商用软件，并且价格不菲，而 Python 完全免费，众多开源的科学计算库都提供了 Python 的调用接口。例如，著名的计算机视觉库 OpenCV、三维可视化库 VTK、医学图像处理库 ITK。因此，Python 语言及其众多的扩展库所构成的开发环境十分适合工程技术、科研人员处理实验数据、制作图表，甚至开发科学计算应用程序。用户可以在任何计算机上免费安装 Python 及其绝大多数扩展库。

其次，Python 是一门更易学、更严谨的程序设计语言。它能让用户编写出更易读、易维护的代码。

最后，MATLAB 主要专注于工程和科学计算，然而即使在计算领域，也经常会遇到文件管理、界面设计、网络通信等各种需求。而 Python 有着丰富的扩展库，可以轻易完成各种高级任务，开发者可以用 Python 实现完整应用程序所需的各种功能。

第二节　基本操作

(1)i,j:基本虚数单位。

```
print i j   # 虚数
```

(2)Inf:无限大(例如 1/0)。一般是由于程序算法或逻辑出现问题，迭代计算中误差无限扩大或导致除 0。a = np. inf

```
print a / 10000
# a = inf
```

(3)nan 或 NaN:非数值。

```
a = np. nan
print a
# a = nan
```

(4)pi:圆周率。

```
a = math. pi
print a
# a = 3. 14159265359
```

(5)“/”和“\”:Python 分别用左斜杠“/”和右斜杠“\”来表示“左除”和“右除”运算。

```
a = 100
b = 10
print a / b
```

第三节　多项式计算

一、多项式表达方式

多项式 $p(x)=x^3-3x+5$ 可以用向量 $\boldsymbol{p}=[1,0,-3,5]^T$ 表示，向量 $\boldsymbol{p}$ 的长度(元素个数)减 1 决定其表示多项式的次数，向量 $\boldsymbol{p}$ 中的元素从右向左依次为常数项、一次项系数、……、n 次项系数，向量 $\boldsymbol{p}$ 表示三次项系数为 1，二次项系数为 0，一次项系数为 −3，常数项为 5。求 x=5 时的值，使用 polyval 函数计算。

```
# - * - coding:utf-8 - * -
import numpy as np
p = np.array([1,0, - 3,5])
x = 5
print np.polyval(p,x)
x = [1,2,3,4,5]
print np.polyval(p,x)
```

二、多项式求解

函数 roots 求多项式的根 roots(p)，理论上 n 次多项式在复数域上具有 n 个解。

```
# - * - coding:utf-8 - * -
import numpy as np
p = np.array([1,0, - 3,5])
b = np.roots(p)
#b = [ - 2.27901879 + 0.j   1.13950939 + 0.94627954   1.13950939   - 0.94627954j]
```

点睛：数学理论表示，n 次方程有 n 个根，其中 n 个根中可能会有重复，即重根。

```
r = np.real(b)
print r
#r = [ - 2.27901879   1.13950939   1.13950939]
```

三、多项式乘法(卷积)

在泛函分析中，卷积是通过两个函数 f 和 g 生成第三个函数的一种数学算子，表示函数 f 与经过翻转和平移与＃的重叠部分的累积。如果将参加卷积的一个函数看作区间的指示函数，那么卷积还可以被看作是"滑动平均"的推广。numpy 提供了 convolved(a,b)函数执行多项式乘法(两个数组的卷积)。

```
# - * - coding:utf-8 - * -
import numpy as np
#多项式 A
a = [1,2,3,4]
#多项式 B
b = [1,4,9,16]
print np.convolve(a,b)
```

即多项式 $x^3+2x+3x+4$ 乘以 $x^3+4x^2+9x+16$，结果为 $x^6+6x^5+20x^4+50x^3+75x^2+84x+64$。

四、多项式的曲线拟合

1.函数拟合

多项式的曲线拟合代码如下：

```
# - * - coding:utf - 8 - * -
import numpy as np
#自变量向量
x = [1,2,3,4,5]
#应变量向量
y = [5.6,40,150,250,498.9]
```

p=polyfit(x,y,n)将数据以 n 次多项式为模型进行拟合，当 n 取 1 时，即为最小二乘法（线性回归方程）。#自变量向量

```
x = [1,2,3,4,5]
#应变量向量
y = [5.6,40,150,250,498.9]
p = np.polyfit(x,y,1)
#(第一个数值为一次项系数 a,另一个为常数项 b)
#p = [119.66   - 170.08]
```

分析拟合结果：x2 = np.arange(1,5.1,0.1)

```
y2 = np.polyval(p,x2)
plt.plot(x,y,"*",x2,y2)
plt.show( )
```

线性回归方程拟合效果如图 5-1 所示。

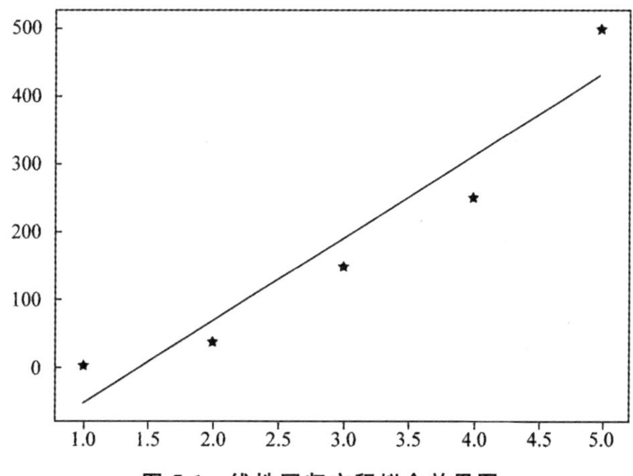

图 5-1　线性回归方程拟合效果图

三次函数拟合示例，代码如下：p2 = np.polyfit(x,y,3)

```
[6.10833333   -25.04642857   84.2452381   -63.2]
```

分析拟合结果：

```
y2 = np.polyval(p2,x2)
plt.plot(x,y,"*",x2,y2)
plt.show( )
```

三次函数拟合效果如图 5-2 所示。

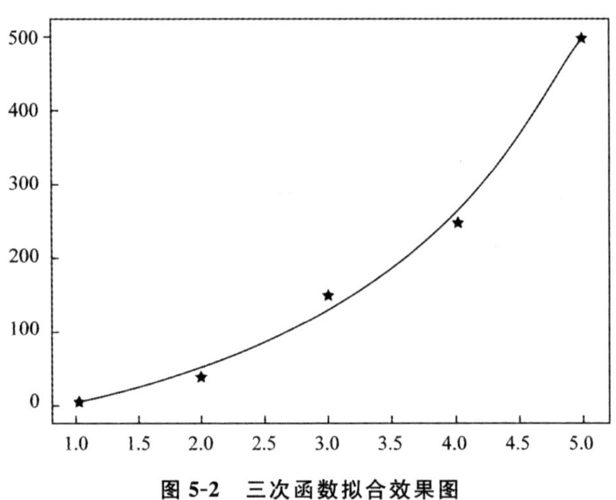

图 5-2　三次函数拟合效果图

2.多项式插值

多项式插值 YI=interpld(x,y,'kind="cubic")。kind 为选择插值算法，包括：linear(线性插值)、cubic(立方插值)、spline(三次样条插值)等。例如，人口预测代码如下：

```
# - * - coding:utf-8 - * -
import numpy as np
import scipy.interpolate as itp
import matplotlib.pyplot as plt
#时间从 1900 年到 2000 年，间隔为 10
year = range(1900,2010,10)
#人口数量
number = 100 * np.sort(np.random.lognormal(0,1,len(year)))
#知道了 1900,1910,…,2000 年，每隔 10 年的人口数量
#通过插值方法获取了 1901 年或 1999 年的人口数据
x = np.array(range(1900,2001))
#采用样条插值方法
#y = np.interp(year,number,x)
```

```
y = itp.interpld(year,number,kind = "cubic")
y2 = y(x)
```

Interpld 函数的最后一个参数 kind 表示使用的是插值方法。

插值结果分析：

```
plt.plot(year,number," * ",x,y2)
plt.show( )
```

计算结果如图 5-3 所示。

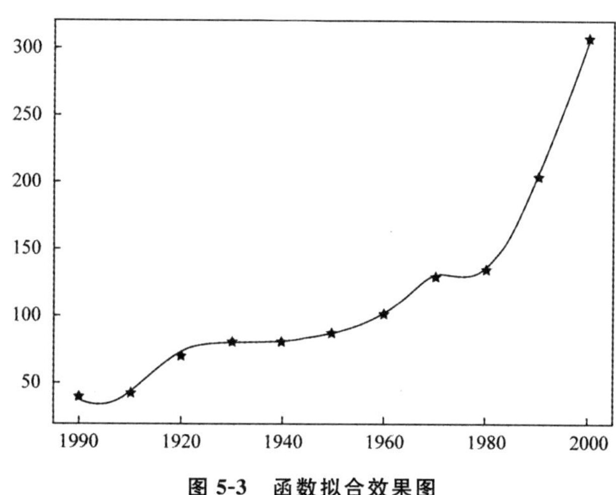

图 5-3 函数拟合效果图

第四节 微积分计算

一、数值积分计算

例如，计算 $f(x)=x^3-2x-5$ 在[0,2]上的积分可以使用 quad 函数，代码如下：

```
# - * - coding:utf - 8 - * -
import scipy.integrate
import math
F = lambda x:x * * 3 - 2 * x - 5
#使用 quad 函数计算积分
Q = scipy.integrate.quad(F,0,2)
#积分值
print Q[0]
```

二重积分首先计算内积分，然后借助内积分的中间结果再求出二重积分的值，类似于积分中的分步积分法，二重积分的函数 dblquad，代码如下：

```
F = lambda y,x:y * math.sin(x) + x * math.cos(y)
#使用 dblquad 函数计算积分
Q = scipy.integrate.dblquad(F, math.pi, 2.0 * math.pi, lambda x:0, lambda x:math.pi)
#积分值
#Q = -9.8696
```

二、符号积分计算

积分计算可以使用 sympy 包。符号积分运算为 integrate(f)，最精确的是符号积分法。

计算二重积分代码如下：

```
# - * - coding:utf-8 - * -
from sympy import *
#定义符号变量
#中间为空格，不能为逗号
x = Symbol('x',real = True)
y = Symbol('y',real = True)
s = integrate(x * y,(x,int("0"),int("1")),(y,int("1"),int("2")))
#s = 3/4
```

分步计算代码如下：

```
s = integrate(x * y,(x,int("0"),int("1")))
ss = integrate(s,(y,int("1"),int("2")))
```

计算结果：

```
s = y/2
ss = 3/4
```

三、数值微分计算

微分理论中最重要的两个概念是导数和微分，导数是变化率，而微分是变化量。微分是函数的微观性质，积分对函数的形状在小范围内的改变不敏感，而导数和微分则很敏感。函数自变量的微小变化，容易造成相邻点斜率的大的改变。由于微分这个固有的难题，所以应尽可能避免数值微分，特别是对实验获得的数据进行微分。在这种情况下，最好用最小二乘曲线拟合这种数据，然后对所得到的多项式进行微分；或者对点数据进行三次样条拟合，然后寻找样条微分。但是，有时数值微分运算是不能避免的。在 Python 中，可用函数 diff 计算一个向量或者矩阵的微分（也可以理解为差分），代码如下：

```
# - * - coding:utf-8 - * -
```

```
import numpy as np
import matplotlib.pyplot as plt
a = [1,2,3,4,5,6,7,8,9]
# 调用 diff 函数,一次微分 a(1)d 的导数 a(2) - a(1)
b = np.diff(a)
bb = np.diff(a,2)
bb = [0, - 1,0,4, - 3,0]
```

点睛:实际上 diff(a)=[$a(2)-a(1)$,$a(3)-a(2)$,⋯,$a(n)-a(n-1)$],对于求矩阵的微分,即为求各列向量的微分,从向量的微分值可以判断向量的单调性、是否等间距以及有无重复的元素。

下面使用 gradient 函数计算多元函数的梯度:

f_x=gradient(f)

f 是一个向量,返回 f 的一维数值梯度,f_x对应于 x 方向的微分。例如:

```
#meshgrid 网格化
a = np.arange( - 2,2.2,0.2)
b = np.arange( - 2,2.2,0.2)
[x,y] = np.meshgrid(a,b)
z = np.around(x * np.around(np.exp( - x * * 2 - y * * 2),4),4)
# 使用 gradient 函数
[px,py] = np.gradient(z,0.2,0.2)
plt.quiver(px,py)
plt.contour(z) # 画等值线
plt.show( )
```

注:meshgrid 函数的功能如下:

```
A = range(1,3)
#A = 1  2  3
B = range(1,3)
#B = 1  2  3
[AA,BB] = np.meshqrid(A,B)
AA =
  1  2  3
  1  2  3
  1  2  3
BB =
  1  1  1
  2  2  2
  3  3  3
```

数值微分计算效果如图 5-4 所示。

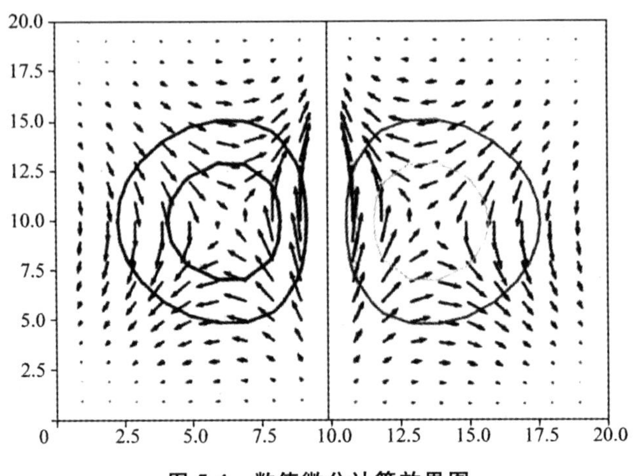

图 5-4　数值微分计算效果图

第五节　矩阵计算

一、线性方程组的求解

求解线性方程组，代码如下：

```
# - * - coding:utf - 8 - * -
import numpy as np
#生成希尔伯特矩阵
def hilb(data):
return 1.0/(np.arange(1,data + 1) + np.arange(0,data)[:,np.newaxis])
a = hilb(3)
b = np.array([1,2,3])
a = a.T
x = np.linalg.lstsq(a,b)[0]
```

二、矩阵的特征值和特征向量

计算特征值和特征向量的命令为 d,v＝eig(A)，其中 d 将返回特征值，v 返回相应的特征向量。

数值计算矩阵特征值与特征向量的代码如下：

```
# - * - coding:utf - 8 - * -
```

```
import numpy as np
#生成服从正态分布的随机矩阵
A = np.random.randn(4,4)
#调用eig函数,近似计算特征值与特征向量
d,v = np.linalg.eig(A)
A = [[-0.11077144  0.0223284  0.37820584  0.3599271]
     [-2.85631002  2.7552863  -1.12808225  1.42026147]
     [-0.16532319  0.21867611  1.55214496  -0.69324316]
     [0.19608104  -0.94547068  0.64866251  -1.11501338]]
v = [[-0.23580138-0.42313567j  -0.23580138+0.42313567j  0.00894329-0.06761909j  0.00894329+0.06761909j]
[-0.34878561-0.41078805j  -0.34878561+0.41078805j  0.86675644+0.j  0.86675644-0.j]
[0.22359631+0.07028142j  0.22359631-0.07028142j  0.30196981-0.33039799j  0.30196981+0.33039799j]
[0.64809019+0.j  0.64809019-0.j  -0.20642368-0.03349049j  -0.20642368+0.03349049j]]
d = [-0.45373360+0.54160378j  -0.45373360-0.54160378j  1.99455682+0.59796722j  1.99455682-0.59796722j]
```

第六节 Python 函数编程规则

使用 Python 函数(例如 inv、abs、angle 和 sqrt)时,Python 获取传递给它的变量,利用所给的输入,计算所要求的结果;然后,把这些结果返回。由函数执行的命令,以及由这些命令所创建的中间变量都是隐含的。所有可见的是输入和输出,也就是说,函数是一个黑箱。这些特性使函数成为强有力的工具,用作计算命令。这些命令包括在求解一些大问题时,经常出现的、有用的数学函数或命令序列。由于这个强大的功能,Python 提供了一个创建用户函数的结构,并以 PY 文件的文本形式存储在计算机上。函数 fliplr 是一个 Python 函数的典型例子,代码如下:

```
# -*- coding:utf-8 -*-
def fliplr(data):
    for i in data:
        i.reverse()
    return data
print 1
a = [[1,2,3],[4,5,6]]
print fliplr(a)
```

函数功能为改变矩阵行元素的顺序。

```
a = [[1,2,3],[4,5,6]]
a =
1  2  3
4  5  6
Y = fliplr(a)
Y =
3  2  1
6  5  4
```

第七节　绘图

一、简易图形的绘制

(一)绘制螺旋线

函数 f 可以是包含单个符号变量 x 的字符串或表达式，默认画图区间(－10，10)，如果 f 包含 x 和 y，那么画出的是 $f(x,y)$的图像。

函数为绘制在 $x_{min}<x<x_{max}$ 区间上的图像。例如：

```
# - * - coding:utf - 8 - * -
from sympy import *
from sympy.plotting import plot_parametric
import math
x = symbols('x')
plot_parametric((x * cos(x),x * sin(x)),(x,0,4 * math.pi))
```

螺旋线效果图如图 5-5 所示。

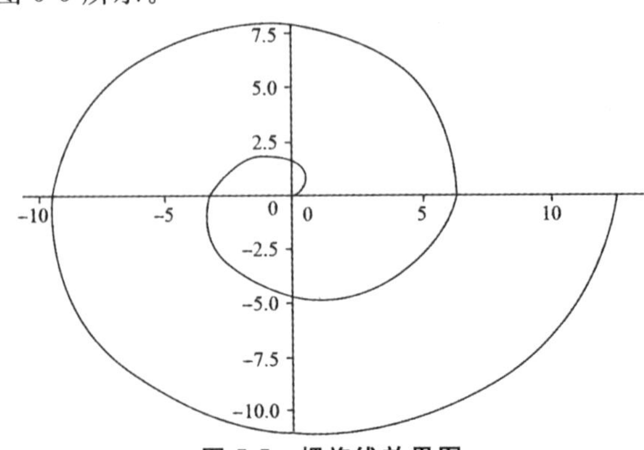

图 5-5　螺旋线效果图

（二）绘制符号图像

代码如下：

```
# - * - coding:utf - 8 - * -
import numpy as np
import matplotlib. pyplot as plt
from sympy import *
from sympy. parsing sympy_parser import parse_expr
from sympy import plot_implicit
import math
from sympy. plotting import plot
x,y = symbols('x,y')
plot(x * * 2,(x,0,1))
plot(functions. Abs(functions. exp(x)),(x,0,2 * math. pi))
plot(functions. sin(1. 0/x),(x,0,0. 1))
```

符号图像效果图如图 5-6 所示。

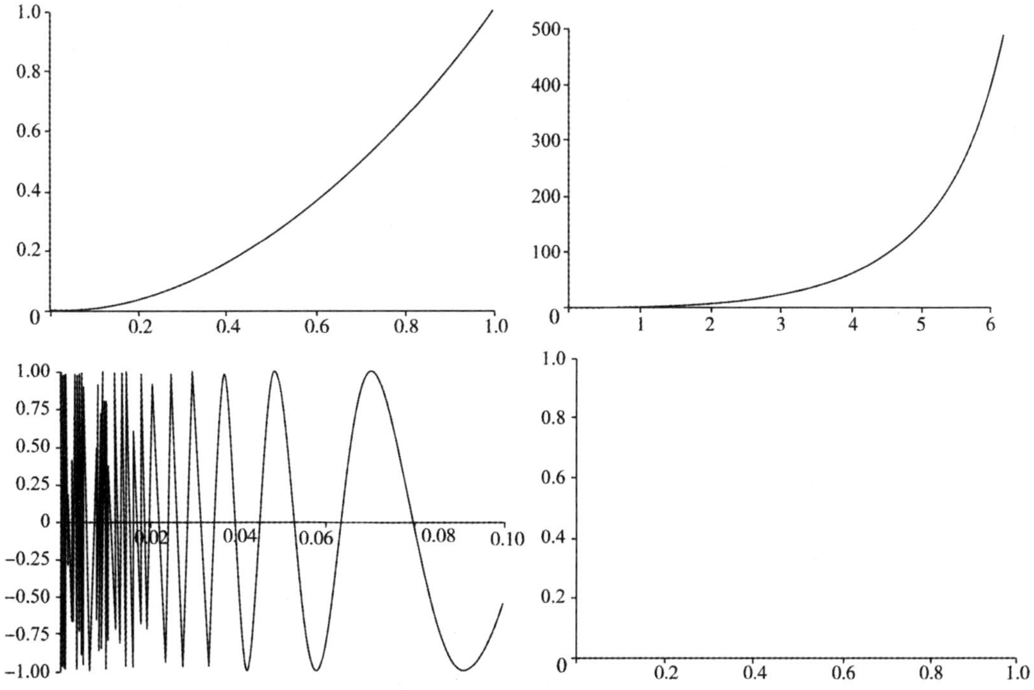

图 5-6　符号图像效果图

二、二维图形的绘制

绘图函数如下：

Plot(x,y)：在“(x,y,"—rs")”坐标下绘制二维图像，支持多个 x—y 二元结构，"—rs"标识虚线样式红色放宽标记。

```
# - * - coding:utf - 8 - * -
from sympy import *
import numpy as np
import math
import matplotlib. pyplot as plt
#x 为 1 到 10 间隔为 1 的数组
x = np. array(range(1,11))
#根据 x 的数值计算 y
y = np. sin(x)
#画图'- - rs'- - 表示虚线,r 表示红色,s 表示方格
plt. plot(x,y," - - rs")
plt. show( )
```

单坐标轴效果图如图 5-7 所示。

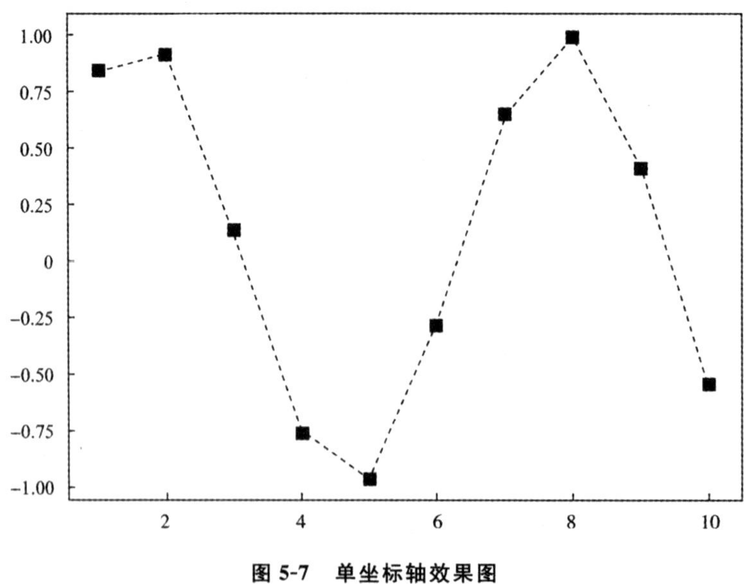

图 5-7　单坐标轴效果图

双坐标轴函数 plot 以 x_1 为基准，左轴为 y 轴绘制 y_1 向量；以 x_2 为基准，右轴为 y 轴绘

制 y_2 向量。

```
#t 为 0 到 2 * pi 间隔为 pi/ 20 的序列
t = np. arange(0,2 * math. pi,math. pi/ 20. 0)
```

根据公式计算函数值 y，代码如下：

```
y = np. exp(np. sin(t))
fig,ax1 = plt. subplots( )   #使用 subplots( )创建窗口
ax1. plot(t,y,linewidth = 2)
ax2. plot(t,y,linewidth = 3)
ax1. set_xlabel('position(nm)',fontsize = 16)
ax1. set_ylabel('| $ E_{z} $ |(V/m)',fontsize = 16)
ax2. set_ylabel('Enhancement',fontsize = 16)
ax1. set_ylim(0,max(y))
ax2. set_ylim([0,max(y)])
plt. show( )
```

双标坐轴效果图如图 5-8 所示。

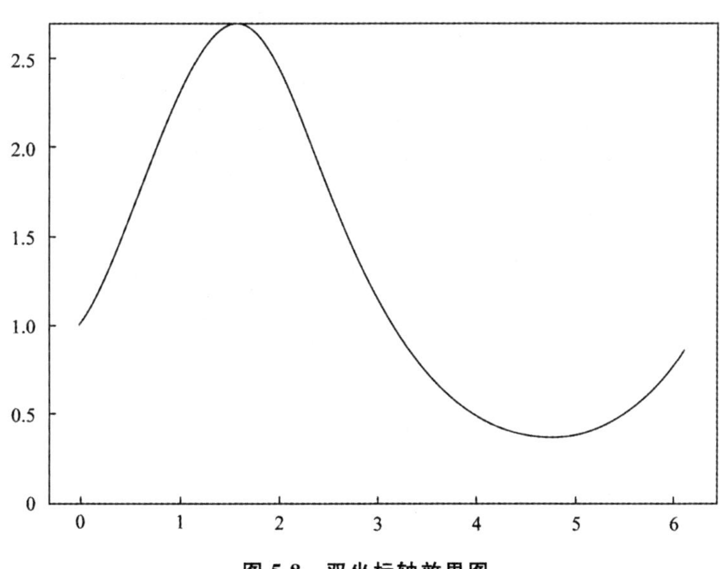

图 5-8　双坐标轴效果图

三、三维图形的绘制

(一)三维线条图的绘制

代码如下：

```
# - * - coding:utf - 8 - * -
```

```
import matplotlib. pyplot as plt
import numpy as np
import math
from mpl_toolkits. mplot3d import Axes3D
#t 为 0 到 15 * pi 间隔为 pi/ 50 的序列
t = np. arange(0. 0,math. pi * 15,math. pi/ 50)
ax = plt. subplot(111,projection = '3d')
#画出 X 轴为 sin(t),Y 轴为 cos(t),Z 轴为 t 的图形
ax. scatter(np. sin(t),np. cos(t),t)
#在某个坐标点加入文字,在[0,0,0]点标记
ax. text(0,0,0,"origin")  #在某个坐标点加入文字
plt. show(  )
```

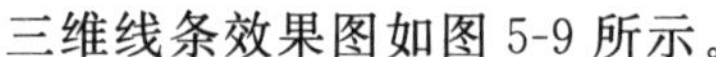
三维线条效果图如图 5-9 所示。

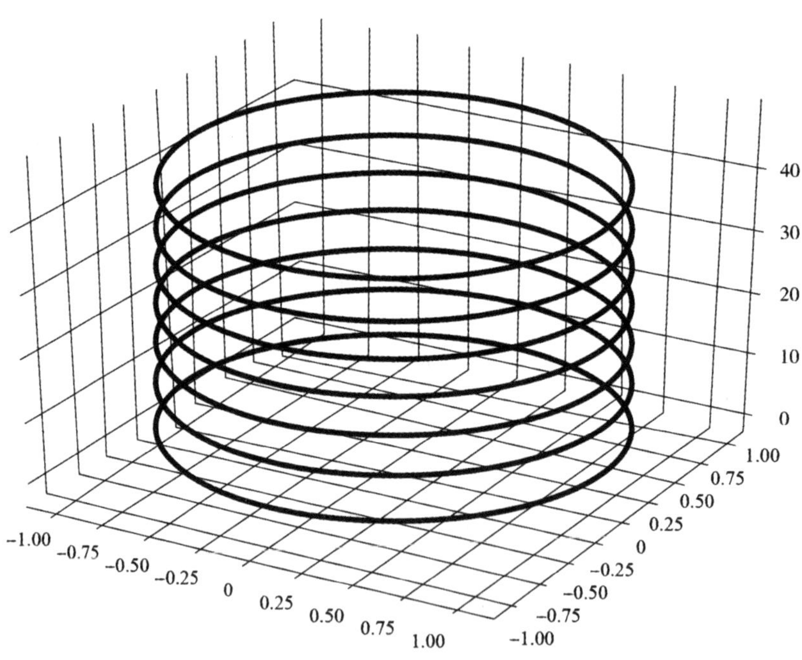

图 5-9　三维线条效果图

(二)三维网线图的绘制

代码如下：

```
#生成网格
x,y = np. meshgrid(np. arange( - 2,2. 1,0. 1),np. arange( - 2,2. 1,0. 1))
#根据公式计算 z 函数值
```

```
z = x * np. around(np. exp( - x * * 2. 0 - y * * 2. 0),4)
t = np. arange(0. 0,math. pi * 15,math. pi/50)
ax = plt. subplot(121,projection = '3d')
#画出 X 轴为 sin(t),Y 轴为 cos(t),Z 轴为 t 的图形
#三维曲面图
ax. scatter(x,y,z)
ax = plt. subplot(122,projection = '3d')
```

注:meshgrid 函数的功能为根据一维数组构建二维网格。

三维网线效果图如图 5-10 所示。

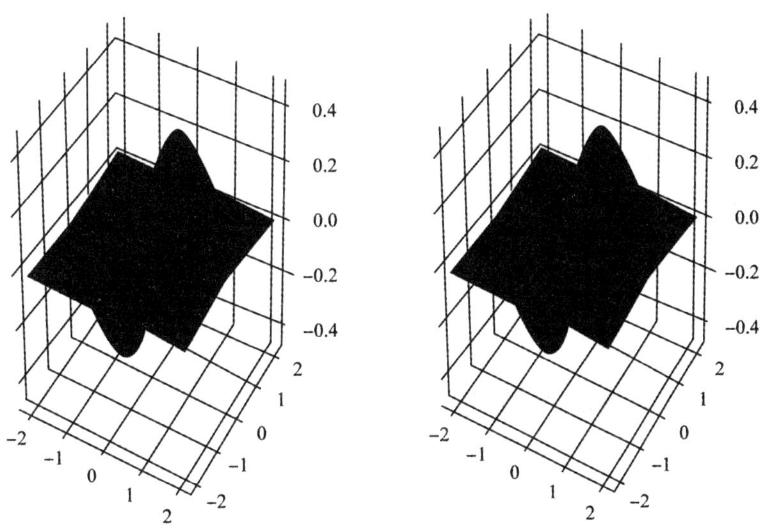

图 5-10 三维网线效果图

四、等高线图形的绘制

contour 为在空间绘制等高线,相关说明如下:

contour(x,y,z,n,colors,linewidth):绘制 n 条等高线(n,colors,linewidth 可省略)。

三维空间绘制等高线的代码如下:

```
# - * - coding:utf - 8 - * -
import matplotlib. pyplot as plt
import numpy as np
from mpl_toolkits. mplot3d import Axes3D
#定义等高线高度函数
def f(x,y),
```

```
    return(1 - x/ 2 + x * * 5 + y * * 3) * np.exp( - x * * 2 - y * * 2)
# 数据数目
n = 30
# 定义 x,y
x = np.linspace( - 3,3,n)
y = np.linspace( - 3,3,n)
# 生成网格数据
X,Y = np.meshgrid(x,y)
ax = plt.subplot(111,projection = '3d')
# 绘制等高线,16 是等高线分为几部分
C = ax.contour(X,Y,f(X,Y),16,colors = 'black',linewidth = 0.5)
# 绘制等高线数据
ax.clabel<C,fontsize = 10>
# 去除坐标轴
plt.xticks(( ))
plt.yticks(( ))
plt.show( )
```

三维空间绘制的等高线效果图如图 5-11 所示。

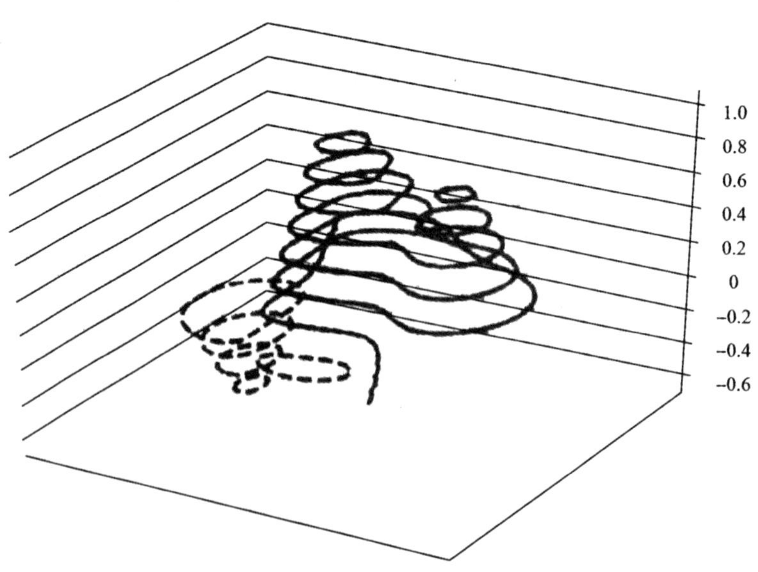

图 5-11 三维空间绘制的等高线效果图

注：在 contour(*x*,*y*,*z*,16,colors='black',linewidth=0.5)函数中'black'表示黑色,'linewidth'表示宽度。

五、二维伪彩图的绘制

二元函数的伪彩图绘制命令为 comourf，可与 contour 单色等值线结合，画彩色等值线图，示例代码如下：

```
#生成网格数据
X,Y=np.meshqrid(x,y)
#绘制等高线,16是等高线分为16部分
plt.contourf(X,Y,f(X,Y),8,alpha=0.75)
C=plt.contour(X,Y,f(X,Y),20,colors='black',linewidth=0.5)
#绘制等高线数据
plt.clabel(C,fontsize=10)
#去除坐标轴
plt.xticks(( ))
plt.yticks(( ))
plt.show( )
```

二维伪彩图效果如图 5-12 所示。

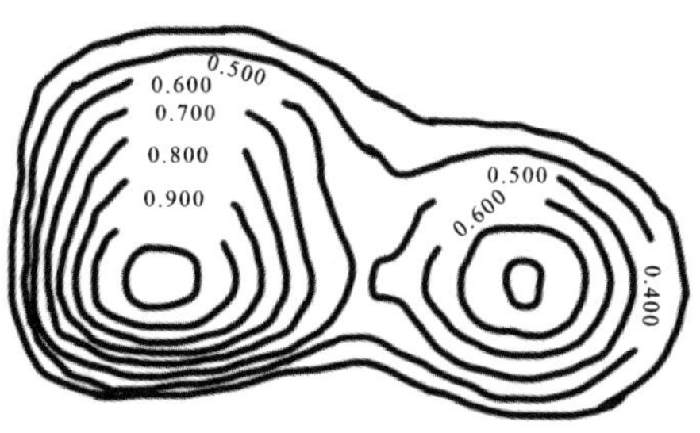

图 5-12 二维伪彩图效果图

六、矢量场图的绘制

矢量场图（速度图）函数 quiver，用于描述函数 $z=f(x,y)$ 在点 (x,y) 的梯度大小和方向。在 quiver(X,Y,U,V) 中，U、V 为必选项，决定矢量场图中各矢量的大小和力向，示例代码如下：

```
# - * - coding:utf - 8 - * -
import matplotlib.pyplot as plt
import numpy as np
```

```
#生成网格矩阵
[x,y] = np.meshgrid(np.arange(-2,2.2,0.2),np.arange(-1,1.15,0.15))
#计算函数值 z
z = x * np.exp(-y**2)


#计算 z 的导数
[px,py] = np.gradient(z,0.2,0.15)
#画等高线图
plt.contour(x,y,z,20,colors = 'black',linewidth = 0.5)
#在等高线图基础上,继续画图
#画矢量场图
plt.quiver(x,y,px,py)
plt.show( )
```

quiver 函数效果图如图 5-13 所示。

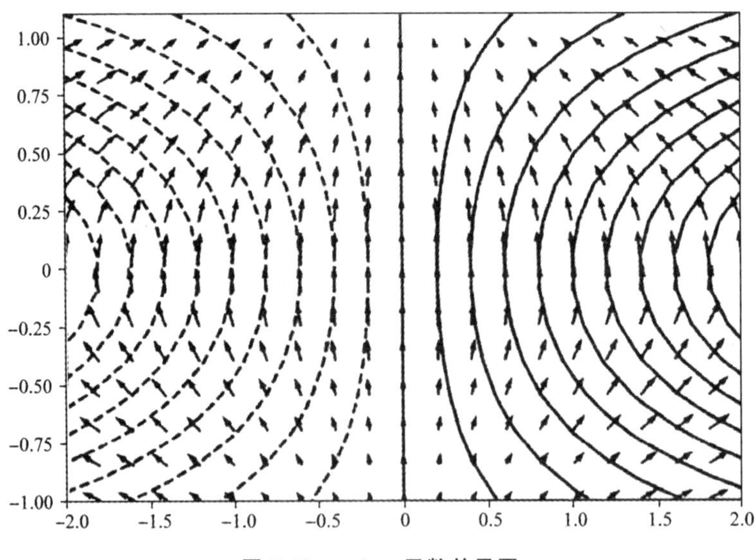

图 5-13　quiver 函数效果图

七、多边形图的绘制

多边形的填色函数为 fill(x, y, c),c 定义颜色的字符串,可以是“r”(红色)或者“b”(蓝色)等,示例代码如下:

```
# - * - coding:utf - 8 - * -
```

```
import matplotlib.pyplot as plt
import numpy as np
x = np.arange(0,10.1,0.1)
y = np.around(np.sin(x),4)
plt.fill(x,y,"r")
plt.show( )
```

fill 函数效果图如图 5-14 所示。

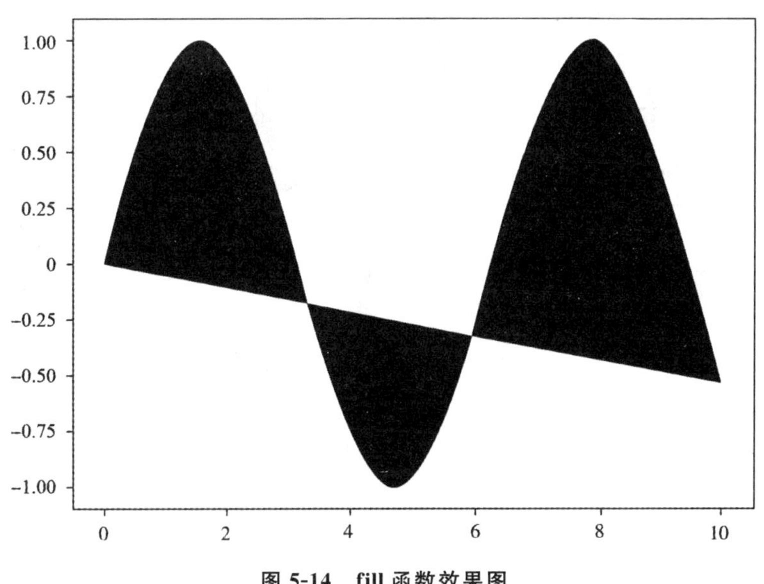

图 5-14 fill 函数效果图

```
#生成向量 x 为 0 到 10 间隔为 0.1
x = np.arange(0,10.1,0.1)
#计算 sin(x)函数值
y = np.sin(x)
#画子图 1
plt.subplot(1,3,1)
#[1,0,0]表示 RGB 三色中的红色
plt.fill(x,y,"r")
plt.subplot(1,3,2)
plt.fill(x,y,"g")
plt.subplot(1,3,3)
plt.fill(x,y,"b")
```

```
plt.show( )
```

三个 fill 函数效果图如图 5-15 所示。

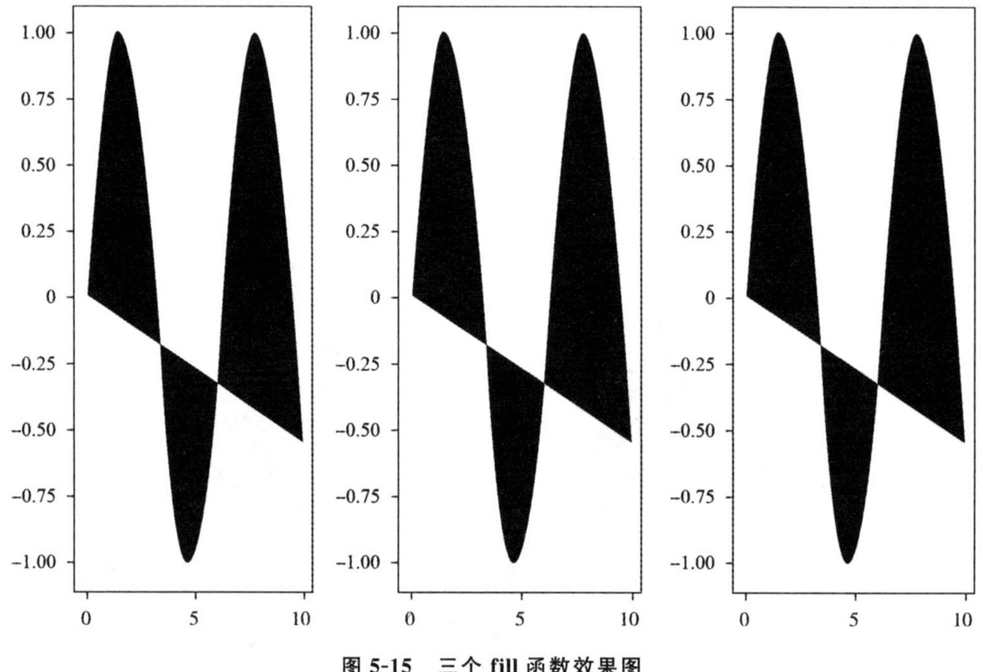

图 5-15　三个 fill 函数效果图

第六章　运用Python分析利率与债券

第一节　利率体系

现行的利率是以中央银行利率为基础、金融机构利率为主体以及金融市场利率并存的利率体系，下面依次展开介绍。

一、中央银行利率

（一）再贷款利率

再贷款利率是指中央银行向金融机构发放再贷款所采用的利率，其中，中央银行对金融机构的贷款称为再贷款。自 1984 年中国人民银行专门行使中央银行职能以来，再贷款一直是我国中央银行的重要货币政策工具。

（二）再贴现利率

再贴现利率是指金融机构将所持有的已贴现票据向中央银行办理再贴现所采用的利率。其中，贴现是指票据的持票人在票据到期日前，为了取得资金而贴付一定利息将票据权利转让给商业银行的行为；再贴现则是中央银行通过购入银行持有的已贴现但尚未到期的票据，向商业银行提供融资支持的行为。自 1986 年中国人民银行在上海等中心城市开始试办再贴现业务以来，通过适时调整再贴现总量及利率，明确再贴现票据选择，达到吞吐基础货币和实施金融宏观调控的目的，同时发挥调整信贷结构的功能。根据中国人民银行公布的信息，2010 年 12 月 26 日至今，对金融机构的再贴现利率一直保持在 2.25％。

（三）存款准备金利率与超额存款准备金利率

存款准备金利率是指中央银行对金融机构交存的法定存款准备金支付的利率。超额存款准备金利率则是指中央银行对金融机构交存的准备金中超过法定存款准备金水平的部分支付的利率。根据中国人民银行公布的信息，从 2008 年 12 月 27 日至今，对金融机构的存款准备金利率和超额存款准备金利率分别为 1.62％和 0.72％。

（四）央行回购利率

央行回购利率是指中央银行在开展回购业务过程中支付或者收取的利率。所谓回购是指拥有证券的金融机构同意将证券出售给交易对方，并在未来约定时间以更高的价格将证券买回，出售证券的金融机构得到资金，所支付的利息等于证券卖出与买入之间的差价，相应的利率称为回购利率。

回购是中国人民银行的一项公开市场业务，按照方向不同分为正回购和逆回购两种。正回购是中国人民银行向一级交易商卖出有价证券，并约定在未来特定日期买回有价证券的交易行为。逆回购是中国人民银行向一级交易商购买有价证券，并约定在未来特定日期将有价证券卖给一级交易商的交易行为。

2013 年 1 月，中国人民银行在公开市场推出了短期流动性调节工具（SLO）。短期流动性调节工具是以 7 天期以内短期回购为主，采用市场化利率招标方式开展操作。根据中国人民银行公布的信息，截至 2019 年 2 月末，最近一次操作的短期流动性调节工具是 2019 年 2 月 27 日中国人民银行以利率招标方式开展的 600 亿元 7 天期逆回购操作，中标利率 2.55％。

（五）央票利率

央票利率是中央银行在公开市场操作时发行票据的票面利率。中央银行票据（简称“央票”）是中央银行为调节商业银行超额准备金而向商业银行发行的短期债务凭证，其实质是中央银行债券，央票是重要的公开市场操作手段，同时还被视为提供市场基准利率的重要手段。我国首次发行央票是在 2002 年 6 月发行了期限 6 个月、金额 50 亿元、发行利率 1.962 4％的央票。2015 年 10 月，中国人民银行在伦敦发行了规模为 50 亿元、期限 1 年、票面利率 3.1％的首只离岸央票。

（六）新型货币政策工具的利率

从 2013 年至今，除了上面介绍的短期流动性调节工具以外，中国人民银行先后创设了常备借贷便利、抵押补充贷款、中期借贷便利等新型货币政策工具，而这些工具本身就有支付利率和引导市场利率的要求。

2013 年 1 月，中国人民银行创设了常备借贷便利（SLF）。常备借贷便利是中国人民银行正常的流动性供给渠道，主要功能是满足金融机构期限较长的大额流动性需求，以抵押方式发放，合格抵押品包括高信用评级的债券类资产及优质信贷资产等。根据中国人民银行公布的信息，从 2018 年 3 月 22 日至今，常备借贷便利利率分别是隔夜 3.40％、7 天期 3.55％、1 个月期 3.90％，截至 2019 年 2 月末常备借贷便利余额为 265.5 亿元。

2014 年 4 月，中国人民银行创设抵押补充贷款（PSL），主要功能是支持国民经济重点领

域、薄弱环节和社会事业发展而对金融机构提供的期限较长、金额较大的融资，采取质押方式发放。2015 年 11 月，中国人民银行向国家开发银行、中国农业发展银行、中国进出口银行这三家政策性银行提供的抵押补充贷款利率为 2.75%，但此后中国人民银行未披露具体利率水平，仅披露抵押补充贷款的发生额及余额，截至 2019 年 2 月，抵押补充贷款余额 3.48 万亿元。

2014 年 9 月，中国人民银行创设了中期借贷便利(MLF)，对象是符合宏观审慎管理要求的商业银行、政策性银行，采取质押方式发放。根据中国人民银行公布的信息，2018 年最后一期操作的 1 年期中期借贷便利利率为 3.30%，截至 2019 年 2 月中期借贷便利余额为 4.16 万亿元。

2018 年 12 月，中国人民银行创设了定向中期借贷便利(TMLF)，为金融机构提供长期稳定资金来源，定向支持其扩大对小微企业、民营企业信贷投放。根据中国人民银行公布的信息，2019 年 1 月 23 日开展了 2019 年一季度定向中期借贷便利操作，金额是2 575亿元，期限为一年，到期可续做两次，利率为 3.15%，比中期借贷便利利率优惠 15 个基点。

二、金融机构利率

(一)金融机构存贷款利率

2013 年 7 月 20 日中国人民银行全面放开金融机构贷款利率管制，取消金融机构贷款利率 0.7 倍的下限，人民币贷款利率完全市场化。2015 年 10 月 23 日中国人民银行进一步宣布不再设置商业银行和农村合作金融机构存款利率浮动上限，人民币存款利率也完全市场化。

目前，商业银行吸收人民币存款、发放人民币贷款的利率均是在参考中国人民银行设定的基础利率基础上自行设置。

(二)贷款基础利率

贷款基础利率(LPR)是商业银行对其最优质客户执行的贷款利率，其他贷款利率可在此基础上加减点生成。2013 年 10 月 25 日，国内的贷款基础利率集中报价和发布机制正式运行，集中报价和发布机制是在报价行自主报出本行贷款基础利率的基础上，指定发布人对报价进行加权平均计算，形成报价行的贷款基础利率、报价平均利率，并对外予以公布。目前向社会公布的是 1 年期贷款基础利率，报价银行共 10 家。中国外汇交易中心暨全国银行间同业拆借中心(简称“交易中心”)是贷款基础利率的指定发布人，并于每个工作日对外发布。截止至 2019 年 2 月末，一年期贷款基础利率为 4.31%。

交易中心官方网站提供相关的数据下载，通过下载贷款基础利率的全部数据(2013 年 10 月～2019 年 2 月)，并且运用 Python 进行可视化(图 6-1)。

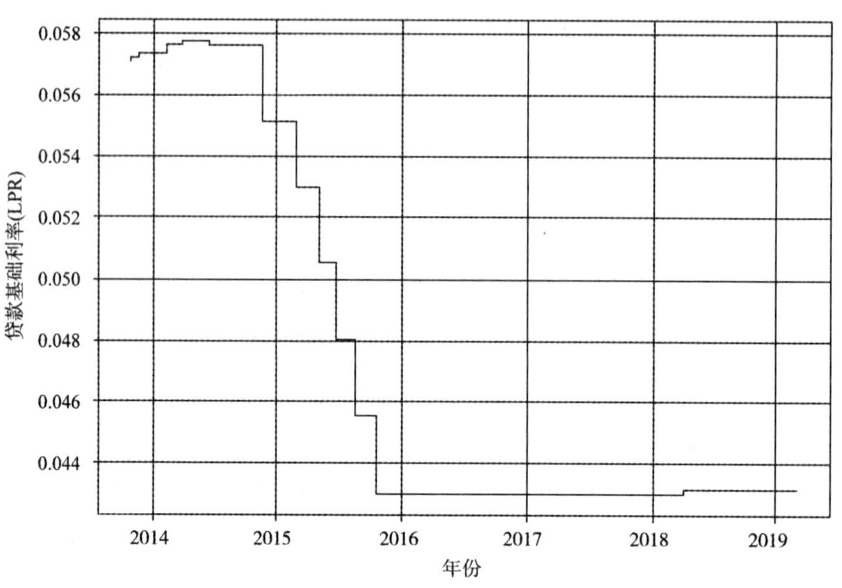

图 6-1　运用 Python 绘制的贷款基础利率走势图

三、金融市场利率

（一）银行间同业拆借利率

同业拆借是金融机构同业之间的短期资金融通行为，目的在于调剂头寸和临时性资金余缺。同业拆借利率就是基于同业拆借行为而发生的。目前，同业拆借是指与全国银行间同业拆借中心联网的金融机构之间通过同业拆借中心的交易系统进行的无担保资金融通行为，交易期限包括 1 天、7 天、14 天、21 天、1 个月、2 个月、3 个月、4 个月、6 个月、9 个月和 1 年共 11 个品种。

全国银行间同业拆借中心提供了同业拆借利率的相关数据下载，下载 2018 年同业拆借利率的全部数据并且通过 Python 绘制 1 天、7 天和 14 天这 3 个最常用的同业拆借利率的走势图（图 6-2）。

（二）回购利率

目前，货币市场的回购交易分为质押式回购与买断式回购两类，这两类回购均有各自不同的利率。

质押式回购是交易双方进行的以债券为权利质押的一种短期资金融通业务，指资金融入方（正回购方）在将债券出质给资金融出方（逆回购方）融入资金的同时，双方约定在将来某一日期由正回购方按约定回购利率计算的资金额向逆回购方返还资金，逆回购解除出质债券上质权的融资行为。同时，根据交易场所的不同，质押式回购可以分为银行间质押式回购、上海证券交易所质押式回购、深圳证券交易所质押式回购，交易期限与银行间同业拆借的期限保持相同，也依然是 11 个品种，其中，最具有参考价值的是 1 天期、7 天期和 14 天期这 3 个品种。

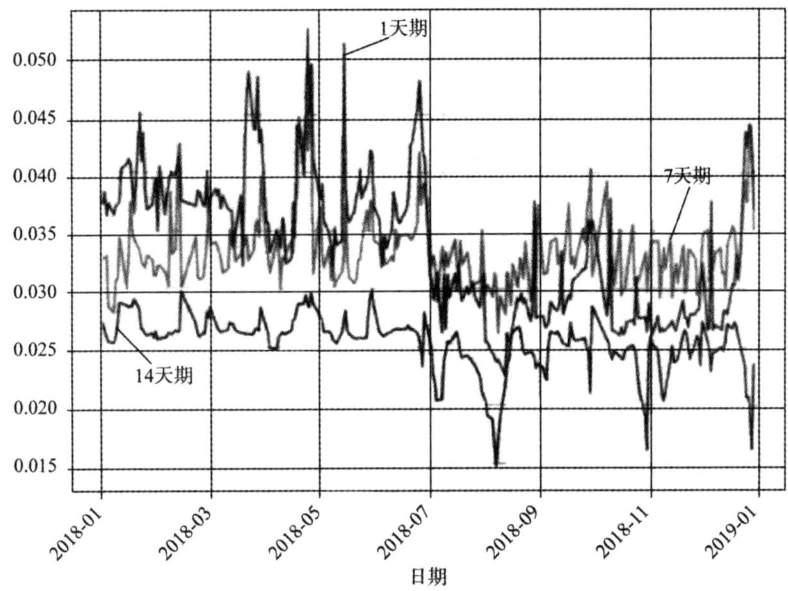

图 6-2　运用 Python 绘制的银行间部分同业拆借利率走势图(2018 年)

买断式回购指债券持有人(正回购方)将债券卖给债券购买方(逆回购方)的同时，交易双方约定在未来某一日期，正回购方再以约定价格从逆回购方买回相等数量同种债券的交易行为。目前，买断式回购仅限于银行间市场，并且交易相对较少，交易期限也仅包括 1 天 7 天、14 天、21 天、1 个月、2 个月和 3 个月共 7 个品种。

通常而言，运用 1 天期、7 天期、14 天期的定盘回购利率作为回购市场的基准性利率指标。全国银行间同业拆借中心提供了银行间回购利率的相关数据下载。下载 2018 年的 1 天期、7 天期和 14 天期的定盘回购利率数据并且通过 Python 绘制相关的走势图(图 6-3)。

(三)上海银行间同业拆放利率

上海银行间同业拆放利率(Shibor)，以位于上海的全国银行间同业拆借中心为技术平台计算、发布并命名，从 2007 年 1 月 4 日开始正式运行，是由信用等级较高的银行组成报价团自主报出的人民币同业拆出利率计算确定的算术平均利率，是单利、无担保、批发性利率。目前，Shibor 品种包括隔夜(O/N)、1 周(1W)、2 周(2W)、1 个月(1M)、3 个月(3M)、6 个月(6M)、9 个月(9M)及 1 年(1Y)，其中，最具有参考价值的是 3 个月期的报价。

上海银行间同业拆放利率网站提供 Shibor 利率的相关数据下载，通过下载 2018 年的 Shibor 利率数据并且通过 Python 绘制常用的 1 个月(1M)、3 个月(3M)和 6 个月(6M)期 Shibor 利率的走势图(图 6-4)。

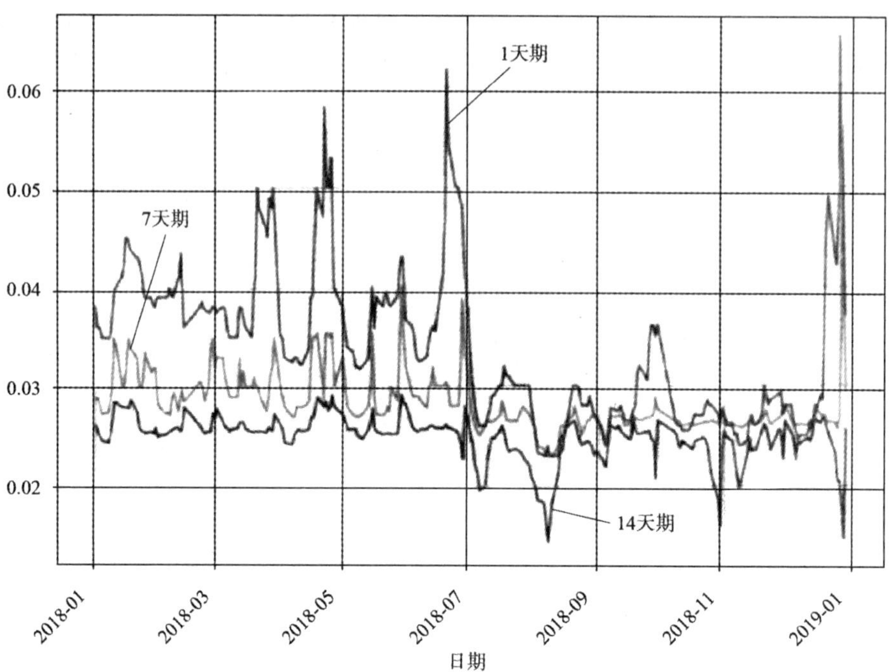

图 6-3　运用 Python 绘制的银行间定盘回购利率走势图(2018 年)

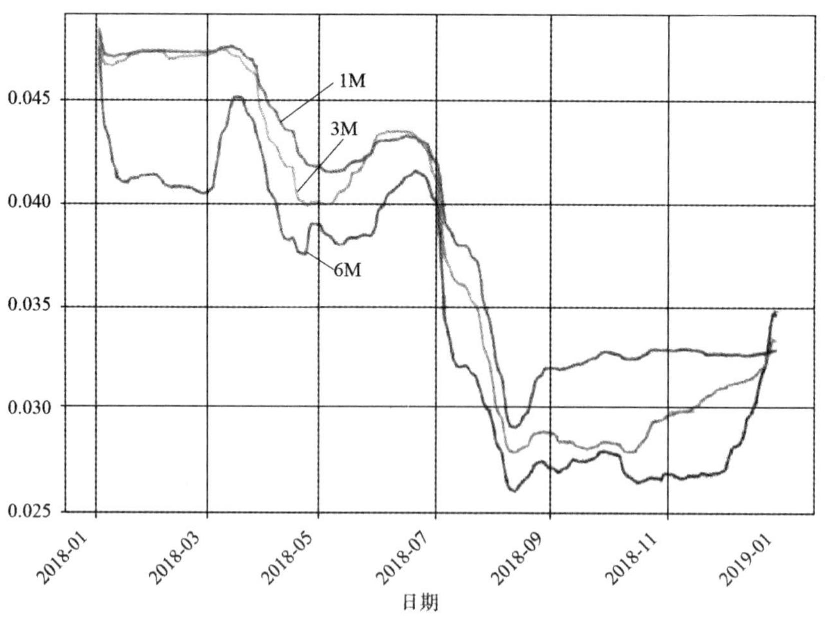

图 6-4　运用 Python 绘制的 Shibor 利率走势图(2018 年)

第二节 债券市场

债券市场从 1981 年恢复发行债券开始至今，经历了曲折的探索和发展历程。从 1996 年末建立债券中央托管机构以后，债券市场翻开了崭新的一页，从此步入了快速发展的新阶段。截至 2018 年 12 月末，债券市场的存量规模达到 85.74 万亿元。

通过导入外部数据并且运用 Python 绘制 2010 至 2018 年债券市场存量规模与国内生产总值(GDP)对比的走势图(图 6-5)。

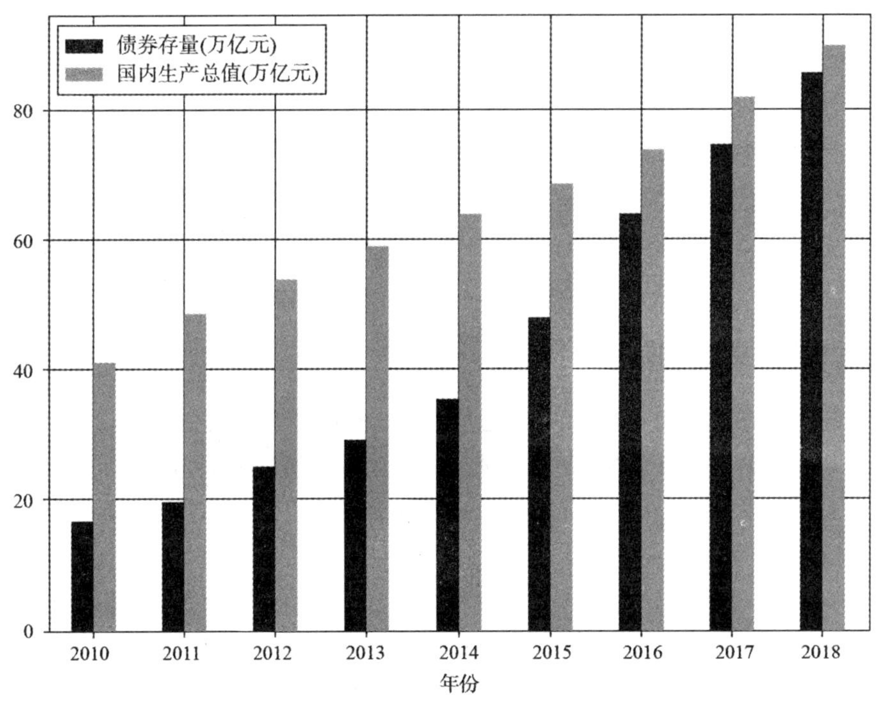

图 6-5　运用 Python 绘制债券市场存量与 GDP 对比走势图(2010～2018 年)

从图 6-5 中不难发现，债券市场的规模越来越接近于 GDP 规模，这在一定程度上体现出债券市场的地位日益重要。

一、债券交易场所

目前，债券市场形成了银行间市场、交易所市场和商业银行柜台市场等 3 个子市场在内的统一分层的市场体系。其中，交易所市场是债券交易的场内市场，银行间市场和商业银行柜台市场属于场外市场，债券市场的参与者既有机构投资者也有个人投资者。

（一）银行间市场

银行间市场是债券市场的主体，市场参与者是各类机构投资者，实行双边谈判成交，属于场外批发市场。中央国债登记结算有限公司（简称“中央结算公司”）作为债券中央托管机构，为债券实行集中统一托管，为银行间市场投资者开立证券账户，并且为市场的交易结算提供服务。交易主体除了境内的金融机构以外，也向境外央行或货币当局、国际金融组织和主权财富基金开放。银行间债券市场的交易品种包括现券交易、质押式回购、买断式回购、远期交易以及债券借贷等。

（二）交易所市场

交易所市场是债券市场的重要组成部分，目前开展债券交易的证券交易所有上海证券交易所和深圳证券交易所，它由包括个人在内的各类社会投资者参与，属于集中撮合交易的零售市场。交易所市场实行两级托管体制，中央结算公司是债券一级托管人，负责为交易所开立代理总账户；中国证券登记结算公司（简称“中证登”）是债券二级托管人，负责对交易所投资者账户的交易进行记录。目前，交易所债券市场的交易品种包括现券交易、质押式回购等。

（三）商业银行柜台市场

商业银行柜台市场是银行间市场的延伸，参与者限定为个人投资者，属于场外零售市场。柜台市场实行两级托管体制，中央结算公司是债券一级托管人，负责为承办银行开立债券自营账户和代理总账户；承办银行是债券二级托管人。目前，商业银行柜台市场的交易品种仅为现券交易。

此外，一些债券也会选择在上述 3 个市场中的 2 个甚至是 3 个市场同时交易。

为了更形象地展示债券的分布情况，通过外部导入数据，用 Python 绘制出 2018 年末存量债券在银行间市场、交易所市场以及柜台市场分布情况的饼图（图 6-6）。

二、债券品种

在我国，债券按照发行主体和审批机构的不同可以划分为政府债、政府支持机构债、金融债、同业存单、企业债、公司债、短期融资券、中期票据、非公开定向债务融资工具、资产支持证券、可转换公司债券、可交换公司债券和国际机构债等品种。

（一）政府债

政府债包括国债和地方政府债。国债的发行主体是财政部，主要品种有记账式国债和储蓄国债。储蓄国债分为传统凭证式和电子式两类，传统凭证式储蓄国债通过商业银行柜台发行和分散托管，电子式储蓄国债则在中央结算公司集中登记。

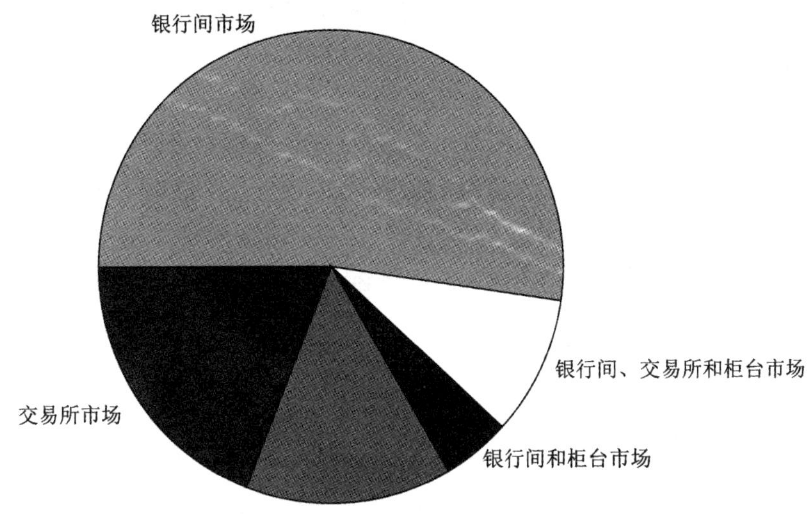

图 6-6　运用 Python 绘制 2018 年末国内债券在不同市场的分布情况

地方政府债包括由中央财政代理发行和地方政府自主发行。对于中央财政代理发行的地方政府债，如果地方财政部门未按时足额向中央财政专户缴纳还本付息资金的，财政部采取中央财政垫付方式代为办理地方政府债还本付息；对于地方政府自主发行的地方政府债，则由地方政府负责偿还。

（二）政府支持机构债

政府支持机构债是指由政府支持的公司或金融机构发行并由政府提供担保的债券。中央汇金投资有限责任公司于 2010 年在全国银行间债券市场成功发行了两期人民币债券（共计 1 090 亿元），该债券就属于政府支持机构债券。2013 年 3 月 14 日，中国铁路总公司正式挂牌成立，承担原铁道部的企业职责。中国人民银行于 2013 年 7 月正式同意将原铁道部发行的铁路建设债券、短期融资券、中期票据等铁路各类债券融资工具统一归入政府支持机构债，以此增强投资者对中国铁路总公司的信心，推动铁路投融资体系改革。

（三）金融债

金融债包括政策性银行债、商业银行债券、商业银行次级债、保险公司债、证券公司债、证券公司短期融资券以及其他金融机构债等。其中，规模最大的是政策性银行债，它是三大政策性银行（国家开发银行、中国农业发展银行和中国进出口银行）发行的债券。

（四）同业存单

全国银行间市场于 2013 年 12 月推出了同业存单，同业存单是指由银行业存款类金融机构法人在全国银行间市场上发行的记账式定期存款凭证，目的是为了拓展银行业存款类金融机构的融资渠道，同时它作为一种货币市场工具也将促进货币市场的发展。

（五）企业债

这里的企业债是专指 1993 年 8 月国务院发布的《企业债券管理条例》（2011 年 1 月修订）所规范的企业债券，它是指我国境内具有法人资格的企业在境内依照法定程序发行、约定在一定期限内还本付息的有价证券。企业债包括中央企业债券、地方企业债券。目前企业债的发行审批权限归属于国家发展与改革委员会，企业债发行采用公开发行方式。

（六）公司债

这里的公司债是专指由《证券法》规范和约束的公司债券。目前，公司债的发行、上市、交易等环节的监管是归属中国证监会。根据中国证监会于 2015 年 1 月 15 日发布的《公司债券发行与交易管理办法》，公司债是指公司依照法定程序发行、约定在一定期限还本付息的有价证券。此外，根据上述的管理办法，公司债可以采用公开发行（一般公司债）和非公开发行（私募债）。

（七）短期融资券

短期融资券是指我国境内非金融企业在银行间债券市场发行的、期限在 1 年期以内的短期融资工具。按照期限的不同可划分为一般短期融资券和超短期融资券，其中，超短期融资券是期限在 270 天以内的短期融资券。

（八）中期票据

中期票据是指我国境内非金融企业在银行间债券市场按照计划分期发行的、期限在一年以上的融资工具。

（九）非公开定向债务融资工具

非公开定向债务融资工具（简称“定向工具”）是指有法人资格的非金融企业，向银行间市场特定机构投资者发行，并在特定机构投资者范围内流通转让的债务融资工具。定向工具是由中国银行间市场交易商协会于 2011 年 4 月推出。

（十）资产支持证券

资产支持证券是指由企业或金融机构作为发起机构，将具有稳定现金流的资产（如信贷资产）信托给受托机构（通常是金融机构），由受托机构发行的，以该资产所产生的现金支付其收益的收益证券。目前，按照不同的监管机构划分，资产支持证券可以分为中国银保监会主管的资产支持证券（ABS）、中国证监会主管的资产支持证券以及中国银行间市场交易商协会管理的资产支持票据（ABN）。

（十一）可转换公司债券

可转换公司债券（简称"可转债"）是指债券持有者可以在一定时期内按一定比例或价格将其转换成一定数量的另一种证券（如股票）的债券。

（十二）可交换公司债券

可交换公司债券（简称"可交债"）是指上市公司的股东依法发行、在一定期限内依据约定的条件可以交换成该股东所持有的上市公司股份的公司债券。

（十三）国际机构债

国际机构债是指包括国际开发性金融机构在内的国际机构在我国境内发行的债券。2005 年 10 月国际金融公司和亚洲开发银行在我国银行间债券市场分别发行以人民币计价的债券 1.3 亿元和 10 亿元，这是首次引入国际机构作为债券发行主体。

第三节　利率的度量

通过利率计算得到的利息可以分为单利和复利，其中，单利是仅针对本金计息，而复利则是根据本金与前期利息之和计算的利息，因此复利也俗称"利滚利"。而在金融市场中，单利和复利都会被运用到，因此在看到利率时需要注意，看清楚是单利还是复利，如果复利则需要看清复利频次是多少。

一、利率的复利频次

（一）案例

国内有 A 银行、B 银行、C 银行、D 银行、E 银行、F 银行共 6 家商业银行在 2018 年年底均对外发布"1 年期存款利率为 2%"的信息，这句话表面上感觉非常直接，含义清楚并且一致，但是事实上这句话的含义会伴随着利率的计算方式（即利率的复利频次）的变化而变化，具体如下。

A 银行利率计算方式是 1 年复利 1 次。在 A 银行存入 100 元，在一年以后得到的本息和就是：

$$100\times(1+2\%)=102(\text{元})$$

B 银行利率的计算方式变为每半年复利 1 次，这表示每 6 个月能获取 2%/2=1% 的利息，而且利息被用于再投资。在 B 银行存入 100 元在 1 年后得到的本息和就是：

$$100\times(1+2\%/2)^2=102.01(\text{元})$$

C 银行利率的计算方式变为每季度复利 1 次，这表示每个季度能获取 2%/4=0.5%的利息，而且利息被用于再投资。在 C 银行存入 100 元在 1 年后得到的本息和就是：

$$100\times(1+2\%/4)^{4}=102.0151(\text{元})$$

D 银行利率的计算方式变为每月复利 1 次，这表示每月能获取 2%/12 的利息，而且利息被用于再投资。在 D 银行存入 100 元在 1 年后得到的本息和就是：

$$100\times(1+2\%/12)^{12}=102.0184(\text{元})$$

E 银行利率的计算方式变为每周复利 1 次，并且假定一年有 52 周，这表示每周能获取 2%/52 的利息，而且利息被用于再投资，在 E 银行存入 100 元在 1 年后得到的本息和就是：

$$100\times(1+2\%/52)^{52}=102.0197(\text{元})$$

F 银行利率的计算方式变为每天复利 1 次，并且假定一年有 365 天，这表示每天能获取 2%/365 的利息，而且利息被用于再投资。在 F 银行存入 100 元在 1 年后得到的本息和就是：

$$100\times(1+2\%/365)^{365}=102.0201(\text{元})$$

从以上的计算不难发现，随着复利频次的不断提高，一年后得到的本息和也越高。

（二）Python 演示

针对上述案例，可以通过 Python 高效地计算得出相关的结果，在运算时需要用 for 循环语句。具体的代码如下：

```
In[14]: r = 0.02                                             #一年期利率2%
...:M = [1,2,4,12,52,365]                                    #不同复利的频次
...: name = ['一年复利1次','每半年复利1次','每季度复利1次','每月复利1次','每周复利1次','每天复利1次']   #建立一个包含不同复利频次的字符串列表
...:value = [ ]                                              #建立一个初始的存放一年后本息合计数的数列
...:i = 0                                                    #设置一个标量
...:for m# in M:
...:        value.append(100 * (1 + r/m) * * m)
...:        print(name[i],round(value[i],4))
...:        i = i + 1
一年复利1次 102.0
每半年复利1次 102.01
每季度复利1次 102.0151
每月复利1次 102.0184
每周复利1次 102.0197
每天复利1次 102.0201
```

(三)复利频次与投资终值的关系

刚才通过案例已经可以得出复利频次与投资终值金额成正比。下面就通过 Python 将复利频次与投资终值金额的关系进行可视化(图 6-7)。依然是假定初始投资本金是 100 元，每年复利一次的年化利率是 2%，投资期限是 1 年，考察复利频次从 1 到 100 对应的一年后投资终值。具体代码如下：

```
In[17]:r = 0.02                                    #复利一次的年利率2%
   ...:M = np.arange(1,101)                        #生成从1到100的自然数数列
   ...:PV = 100                                    #初始投资100元
   ...:FV = PV * (1 + r/ M) * * M                  #计算投资终值
In[18]:plt.figure(figsize = (8,6))
   ...:plt.plot(M,FV,'b - ',1w = 2.0)
   ...:plt.xlabel(u '复利频次',fontsize:13)
   ...:plt.ylabel(u '金额',fontsize = 13,rotation = 0)
   ...:plt.xticks(fontsize = 13)
   ...:plt.yticks(fontsize = 13)
   ...:plt.title(u '复利频次与投资终值的关系图',fontsize = 13)
   ...:plt.grid(' True')
   ...:plt.show()
```

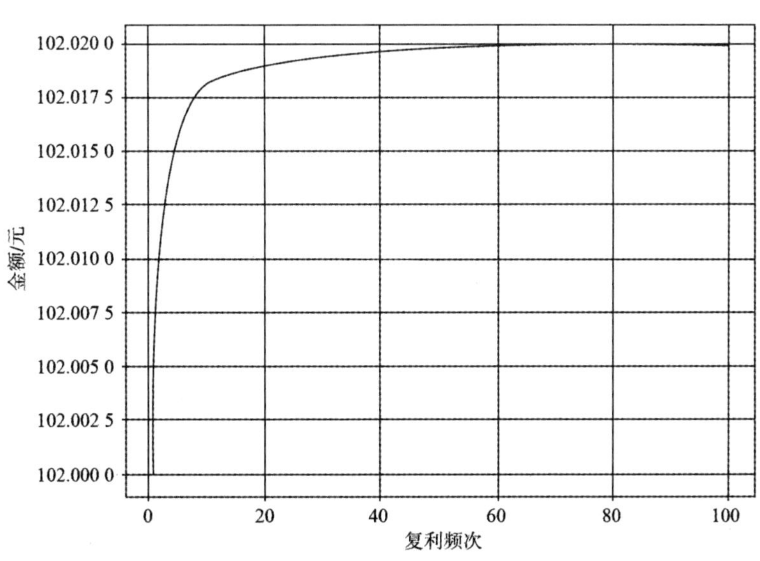

图 6-7　运用 Python 绘制不同复利频次与投资终值的关系图

从图 6-7 中不难发现，复利频次增加对于投资终值金额提升的边际正效应是不断递减

的。当复利频次不断增加并且最终趋近于无穷大时，就会引出接下来将讨论的连续复利。

二、连续复利

当 $m=1$ 时所对应的利率有时被称为等值年利率。当趋于正无穷大($m\rightarrow+\infty$)时，就称为连续复利，对应的利率则称为连续复利利率。

三、零息利率

零息利率，也称即期利率或零息率，具体指：如果一笔投资在到期前不会有现金流，仅在到期时才有现金流，该笔投资的到期收益率就是零息利率。

如果在零息利率前加上一个期限 T，则 T 年期零息利率就是指在某一时点投入资金并持有 T 年可获得的利率，即所有的利息和本金都在 T 年末才支付给投资者，在到期前不支付任何利息收益。

第四节　债券定价与债券收益率

一、债券的核心要素

债券有几个核心要素，包括本金、债券期限、票面利率以及债券价格等。

(1)本金也称为面值，是债券发行人承诺偿还给债券持有人的货币总额。

(2)债券期限是指债券上载明的偿还债券本金的期限，即债券发行日至到期日之间的时间间隔。

(3)票面利率是指债券利息与债券面值的比率，是发行人承诺在债券存续期内支付给债券持有人利息的计算标准。票面利率乘以债券本金就得到了票面利息(简称“票息”)，票面利息的支付方式可以每年支付一次，也可以每半年甚至每季度支付一次。票面利率为零的债券被称为是零息债券。

(4)债券价格是债券进行市场交易的价格，价格是按照本金的百分数报出，债券价格的面值基数是 100 元。债券价格分为净价和全价，其中，净价是债券买卖的价格，也是债券市场的报价；净价加上应计利息就等于债券的全价(也称为“发票价”)，其中的应计利息就是对两个相邻票息支付日之间的票息进行摊销的金额。在本章中，如果没有特别说明，则债券价格均指全价。

二、基于单一贴现率的债券定价

由于债券在发行时，本金、票面利率(金额和支付频次)、期限等要素都已确定，因此在债券的存续期间，债券持有人获得的现金流是可以事先确定的，因此债券的理论价格就应当等于将债券持有人在债券存续期间所收取的现金流（票息和本金）进行贴现后的总和，这就是债券定价模型。

（一）定价公式与 Python 代码

如果债券的票息是每年支付 m 次（$m\geqslant1$），同时假定 B 代表债券价格，C 代表票面利率，M 代表债券本金，y 代表贴现利率（连续复利），T 代表债券期限（用年表示）。则债券定价公式如下：

$$B=\frac{C}{m}\times M\times\sum_{t=1}^{mT}e^{-yt/m}+Me^{-yT}=\left(\frac{C}{m}\sum_{t=1}^{mT}e^{-yt/m}+e^{-yT}\right)\times M \tag{6-1}$$

（二）案例

2008 年 6 月中国国家开发银行发行了“08 国开 11”债券，该债券面值 100 元，期限为 20 年，票面利率 5.25%，每年付息 2 次，起息日为 2008 年 6 月 24 日。假定今天是 2018 年 6 月 25 日，此时该债券的剩余期限为 10 年，贴现率假定是 4.2%（连续复利），计算今天该债券的价格。

$$B=100\times\left(\frac{5.25\%}{2}\sum_{t=1}^{20}e^{-4.2\%\times10}\right)=108.1253(元)$$

通过计算可以得到，在 2018 年 6 月 25 日，“08 国开 11”债券的价格是 108.125 3 元。同时，可以运用前面在 Python 中自定义的计算债券价格函数 Bond_price 直接求出结果，具体的代码如下：

```
In[25]:Bond = Bond_price(C = 0.0525,M = 100,T = 10,m = 2,y = - 0.042)
                                                    #输入债券的相关要素
    ...:print('计算得到的债券价格',round(Bond,4))
计算得到的债券价格 108.1253
```

三、债券到期收益率

在前面讨论的式(6-1)中的贴现利率 y 也称为连续复利的债券到期收益率。

到期收益率（YTM），也称为债券收益率，是指将该收益率用于对债券的全部现金流贴现时，所得到的债券价值恰好等于债券市场价格。

通常而言，债券市场价格是可以观察到的，所以，债券投资者需要通过观察到的债券价格计算得出债券的到期收益率。下面通过一个例题来讨论到期收益率计算的问题。

假定有一份期限是 5 年、面值为 100 元的债券，票面利率 5%，每半年付息一次，假设该债券当前的市场价格是 98 元。根据前述式子，可以得到如下的等式。

$$100\times\left(\frac{5\%}{2}\sum_{t=1}^{10}e^{-0.5yt}+e^{-5y}\right)=98$$

但是通过这个等式求解并非一件容易的事情，通常需要运用迭代的方式计算。运用Python可以很方便地得到结果，具体的计算过程分为两个步骤。

第 1 步：通过 Python 自定义一个计算债券到期收益率（连续复利）的函数，具体的代码如下：

```
In[26]:def YTM(C,M,T,m,P):
   ...:     '''构建计算债券到期收益率(连续复利)的函数
   ...:     C:债券的票面利率;
   ...:     M:债券的本金;
   ...:     T:债券的期限,用年表示;
   ...:     m:债券票面利率每年的支付频次;
   ...:     P:债券的市场价格。'''
   ...:     import scipy.optimize as so          #导入 SciPy 的子模块 optimize
   ...:     import numpy as np
   ...:     def f(y):
   ...:         coupon = []         #建立一个初始的存放每一期票息现值的列表
   ...:         for i in np.arange(1,T*m+1):
   ...:             coupon.append(np.exp(-y*i/m)*M*C/m)
                                             #计算每一期债券票息的现值并放入列表
   ...:         return np.sum(coupon) + np.exp(-y*T)*M-P
                                             #相当于输出一个等于零的式子
   ...:     return so.fsolve(f,0.1)
```

第 2 步：运用第一步中自定义的计算债券到期收益率（连续复利）的函数 YTM，求解出上述案例的到期收益率，具体的代码如下：

```
In[27]:Bond_yield = YTM(C = 0.05,M = 100,T = 5,m = 2,P = 98)
                                                 #得到的结果是一个列表
   ...:print('计算得到债券的到期收益率',np.round(Bond_yield,6))
计算得到债券的到期收益率[0.053892]
```

通过以上的两步计算，最终得到了该债券的到期收益率是等于 5.389 2%。

四、基于不同期限贴现率的债券定价

前面都假定了用一个单一贴现率对债券的所有现金流进行贴现，但是这样做忽视了一个很重要的因素，就是利率与期限存在一定的关联性。在正常的市场条件下，期限越长，利率会越高。因此，对于债券定价更加精确的方法就是针对不同时期的现金流采用不同的零息利率作为贴现率进行贴现。

针对债券存续期内不同时刻的现金流，采用对应不同期限的连续复利零息利率 y_t 作为贴现率，则前面讨论的债券定价公式即式(6-1)就变为：

$$B=\left(\frac{C}{m}\sum_{t=1}^{mT}\mathrm{e}^{-y_g t/m}+\mathrm{e}^{-y_T T}\right)\times M \tag{6-2}$$

下面，通过 Python 自定义一个基于不同期限零息利率作为贴现率从而计算债券价格的数，具体的代码如下：

```
In[28]:def Bond_value(c,t,y):
   ...:     '''构造基于不同期限零息利率作为贴现率计算债券价格的函数
   ...:     c:表示债券存续期内现金流，用数组的数据结构输入；
   ...:     t:表示对应于产生现金流的时刻或期限，用数组的数据结构输入；
   ...:     y:表示不同期限的零息利率，用数组的数据结构输入。'''
   ...:     import numpy as np
   ...:     cashflow = []                     #生成存放每期现金流现值的初始数列
   ...:     for i in np.arange(len(c)):
   ...:         cashflow.append(c[i] * np.exp( - y[i] * t[i]))
                                                #计算每期现金流现值并放入列表
   ...:     return np.sum(cashflow)
```

对于债券定价公式，最核心的变量就是不同期限的零息利率，不同期限的零息利率在金融市场中并非可以直接观察到，通常需要运用带票息的债券市场价格推算出不同期限的零息利率。

五、通过票息剥离法计算零息利率

计算零息利率最流行的方法就是票息剥离法，下面通过国内债券市场的一个案例来讨论这种方法。需要注意的是，在国内债券市场中，期限在 1 年期以内(不含 1 年)的短期国债是不带票息的零息债券，1 年期及 1 年期以上的中长期国债则是有票息的。

插值处理如下。

当解决了一个问题以后，另一个问题却又接踵而来，不难发现没有对应于期限 0.75 年、1.25 年和 1.75 年的零息利率，尤其是当债券市场上缺少恰好等于这些期限的债券时，通常的做法就是基于已有的零息利率数据进行插值处理，Python 则可以非常方便地进行插值处理。

下面运用计算得到的零息利率并且运用插值法计算期限 0.75 年、1.25 年和 1.75 年的零息利率，具体分 3 个步骤展开。

第 1 步：选择插值的具体方法并且进行相应的计算，相关的代码如下：

```
In[33]: import scipy.interpolate as si          #导入 SciPy 的子模块 interpolate
In[34]:func = si.interp1d(T,Zero_rates,kind = "cubic")
                              #运用原有的数据构建一个插值函数，并运用 3 阶样条曲线插值法
In[35]:T_new = np.array([0.25,0.5,0.75,1.0,1.25,1.5,1.75,2.0])
                                          #生成包含 0.75 年、1.25 年和 1.75 年的新数组
   ...:Zero_rates_new = func(T_new)              #计算得到基于插值法的零息利率
```

第 2 步：对计算得到的结果进行可视化（图 6-8），相关的代码如下：

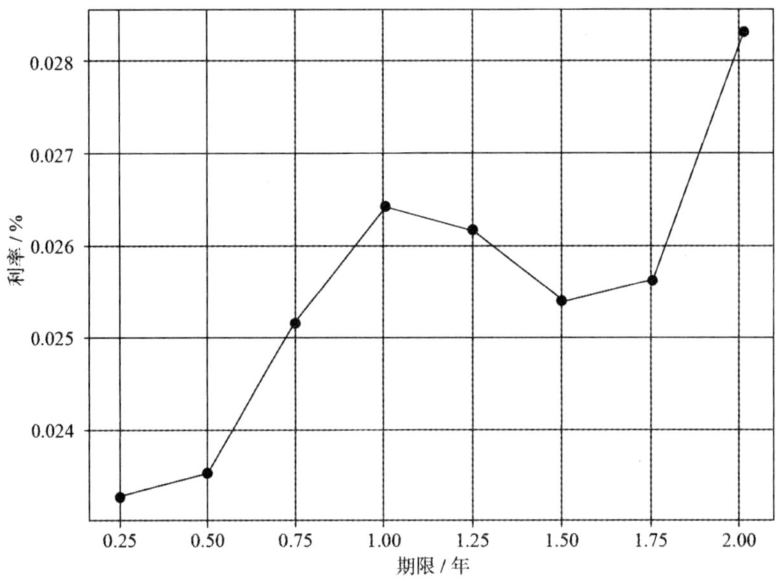

图 6-8　运用插值法得到的零息曲线图

```
In[36]:plt.figure(figsize = (8,6))
   ...:plt.plot(T_new,Zero_rates_new,'o')
   ...:plt.plot(T_new,Zero_rates_new,'-')
   ...:plt.xlabel(u '期限(年)', fontsize = 13)
   ...:plt.xticks(fontsize = 13)
   ...:plt.ylabel(u '利率',fontsize = 13,rotation = 0)
   ...:plt.yticks(fontsize = 13)
   ...:plt.title(u '基于插值法得到的零息曲线',fontsize = 13)
   ...:plt.grid(' True')
   ...:plt.show()
```

第 3 步：运用 for 语句对全部结果进行输出，具体的代码如下：

```
In[37]: for i in range(len(T_new)):
   ...:print('期限(年)',T_new[i],'零息利率',round(Zero_rates_new[i],6))
```

```
期限(年) 0.25 零息利率 0.023268
期限(年)0.5 零息利率 0.023538
期限(年) 0.75 零息利率 0.025155
期限(年) 1.0 零息利率 0.026424
期限(年) 1.25 零息利率 0.026184
期限(年)1.5 零息利率 0.025411
期限(年)1.75 零息利率 0.025617
期限(年)2.0 零息利率 0.028313
```

通过插值法，得到 0.75 年期限的零息利率是 2.5155％，1.25 年期限的零息利率是 2.6184％，1.75 年期限的零息利率是 2.5617％。

第五节　远期利率与远期利率协议

前面讨论的利率都是基于当前的时点(即期)，换而言之，就是 1 年期的利率是基于当前投资一定金额在 1 年以后获得的收益，2 年期的利率是基于当前投资在 2 年后获得的收益。但是在金融市场中，经常会遇到这样的问题，如果一家企业根据发展规划，在 1 年后会有借款安排，借款期限是 3 年，这就意味着企业的融资初始日是 1 年后，融资到期则是 4 年后，这样发生在未来而非当前的交易称为远期交易，针对远期交易，当前的利率还适用吗？如果不适用的话，采用怎么样的利率才合理呢？关于这个问题的答案就是本节要讨论的远期利率。

一、远期利率

远期利率是由当前零息利率所隐含的对应于将来某一时间区间的利率，当确定了零息利率曲线后，所有的远期利率都可以根据利率曲线上的即期利率求得。

二、远期利率协议

2007 年 9 月 29 日，中国人民银行发布了《远期利率协议业务管理规定》，从 2007 年 11 月开始，允许金融机构在全国银行间同业拆借中心开展远期利率协议的相关业务。

(一)基本概念

远期利率协议(FRA)是指交易双方约定在未来某一日，交换协议期间内一定名义本金的基础上分别以固定利率和参考利率计算的利息的金融合约。其中，远期利率协议的买入方(多头)支付以固定利率计算的利息，卖出方(空头)支付以参考利率计算的利息。其中，参考利率是以经中国人民银行授权的全国银行间同业拆借中心等机构发布的银行间市场具有基准性质的市场利率或中国人民银行公布的基准利率，具体由交易双方共同约定，目前主要的参考利率之一是 3 个月期 Shibor 利率（上海银行间拆放利率）。

如果合约中约定的固定利率大于对应于同一时间区间的参考利率，远期利率协议的多头（买入方）要支付空头（卖出方）的金额等于固定利率与参考利率的利差乘以本金；在相反情形下，多头要支付空头的金额等于参考利率与固定利率的利差乘以本金。

（二）数学表达式

下面，讨论远期利率协议的现金流计算，需要设定如下的变量符号：

R_k：远期利率协议中的固定利率；

R_m：在 T_1 时点观察到的$[T_1, T_2]$期间的参考利率（比如 Shibor 利率）；

L：表示远期利率协议的本金。

通常在远期利率协议中，不采用连续复利，而是约定 R_k 和 R_m 的复利频次均与这些利率所对应的 T_2-T_1 的时间区间保持一致，比如 T_2-T_1 的时间区间是 3 个月，则复利频次是每年 4 次。

此外，需要注意的是，R_m 是在 T_1 时刻确定并在 T_2 时刻支付，因此对于远期利率协议的多头而言，在 T_2 时点的现金流等于：

$$L(R_m-R_k)(T_2-T_1) \tag{6-3}$$

对于远期利率协议的空头而言，在 T_2 时点的现金流等于：

$$L(R_k-R_m)(T_2-T_1) \tag{6-4}$$

但在实践中，通常会在$[T_1, T_2]$期间的期初（即在 T_1 时点）就支付经贴现后的利差现值，同时贴现率的期限是 T_2-T_1。

因此，对于远期利率协议的多头而言，在 T_1 时点的现金流为：

$$\frac{L(R_m-R_k)(T_2-T_1)}{1+(T_2-T_1)R_m} \tag{6-5}$$

对于远期利率协议的空头而言，在 T_2-T_1 时点的现金流为：

$$\frac{L(R_k-R_m)(T_2-T_1)}{1+(T_2-T_1)R_m} \tag{6-6}$$

下面，利用 Python 自定义一个计算远期利率协议现金流的函数，具体的代码如下：

```
In[47]:def FRA(Rk,Rm,L,T1,T2,position,when):
   ...:     '''构建计算远期利率协议现金流的函数
   ...:     Rk:表示远期利率协议中的固定利率;
   ...:     Rm:表示在 T1 时点观察到的[T1,T2]期间的参考利率;
   ...:     L:表示远期利率协议的本金;
   ...:     T1:表示期限的长度;
```

```
...:    T2：表示期限的另一个长度，T2 大于 T1；
...:    position：表示协议多头或空头，输入'long'代表多头，否则表示空头；
...:    when：表示需要计算得到现金流的具体时刻，'begin'代表计算 T1 时刻的现金流，否则表示计算 T2 时刻的现金流。'''
...:    if position = = 'long':
...:        if when = = 'begin':
...:          return((Rm - Rk) * (T2 - T1) * L)/(1 + (T2 - T1)  * Rm)
...:        else:
...:              return(Rm - Rk) * (T2 - T1)  * L
...:        else:
...:        if when = = 'begin':
...:          return((Rk - Rm) * (T2 - T1) * L)/(1 + (T2 - T1)  * Rm)
...:        else:
...:          return(Rk - Rm) * (T2 - T1) * L
```

(三)案例

假定A公司预期在第1年末向银行贷款1 000万元，贷款期限是3个月。为了防范利率上涨的风险，A公司当前就与B银行签订一份远期利率协议，A公司是合约的多头，B银行是合约的空头，协议约定A公司在第1年末针对这1 000万元的贷款能够获取3%的3个月期固定利率，参考利率是3个月期Shibor利率。

如果在第1年末，3个月期限Shibor利率为3.5%，A公司在第1.25年末针对远期利率协议的现金流就是：

$$10\ 000\ 000\times(3.5\%-3\%)\times0.25=12\ 500(\text{元})$$

如果协议约定A公司在第1年末就可以取得协议的现金流，则以在第1年末的3个月期Shibor利率3.5%作为贴现利率，将第1.25年末的现金流贴现至第1年末，A公司在第1年末收到的经贴现后的利差现值就等于：

$$12\ 500/(1+3.5\%\times0.25)=12\ 391.57(\text{元})$$

B银行在第1.25年末针对远期利率协议的现金流就是：

$$10\ 000\ 000\times(3\%-3.5\%)\times0.25=-12\ 500(\text{元})$$

B银行在第1年末收取的经贴现后的利差现值就等于：

$$12\ 500/(1+3.5\%\times0.25)=-12\ 391.57(\text{元})$$

下面，运用前面通过Python自定义计算远期利率协议现金流的函数FRA对其进行求解，具体的代码如下：

```
In[48]:FRA_long_begin = FRA(Rk = 0.03,Rm = 0.035,L = 1000000,T1 = 1.0,T2 = 1.25,posi-
```

```
tion = 'long',when = 'begin')                    #远期利率协议多头(A 企业)在第 1 年末的现金流
    ...:FRA_long_end_FRA(Rk = 0.03,Rm = 0.035,L = 10000000,T1 = 1.0,T2 = 1.25,posi-
tion = ' long',when = 'end')                     #远期利率协议多头(A 企业)在第 1.25 年末的现金流
    ...:FRA_short_begin = FRA(Rk = 0.03,Rm = 0.035,L = 1000000,T1 = 1.0,T2 = 1.25,po-
sition = ' short',when = ' begin')               #远期利率协议空头(B 银行)在第 1 年末的现金流
    ...:FRA_short_end = FRA(Rk = 0.03,Rm = 0.035,L = 10000000,T1 = 1.0,T2 = 1.25,posi-
tion = 'short',when = 'end')                     #远期利率协议空头(B 银行)在第 1.25 年末的现金流
    ...:print('A 企业在第 1 年末的现金流',round(FRA_long_begin,2))
    ...:print('A 企业在第 1.25 年末的现金流',round(FRA_long_end,2))
    ...:print('B 银行在第 1 年末的现金流',round(FRA_short_begin,2))
    ...:print('B 银行在第 1.25 年末的现金流',round(FRA_short_end,2))
A 企业在第 1 年末的现金流 12391.57
A 企业在第 1.25 年末的现金流 12500.0
B 银行在第 1 年末的现金流 -12391.57
B 银行在第 1.25 年末的现金流 -12500.0
```

(四)远期利率协议定价

在运用远期利率协议的过程中，一个不能回避的问题就是对协议应该如何进行定价。针对定价就需要引入一个新的变量 R_f，该变量就表示在今天计算得到的介于未来时点 T_1 与 T_2 期间的远期参考利率。为了对远期利率协议定价，需要注意的是，当 $R_k=R_f$ 时合约的价值是 0。此外，在定价过程中，需要假定在远期参考利率会实现的前提下计算收益，也就是$R_m=R_f$。

对于远期利率协议的多头，合约的价值是：

$$V_{\mathrm{FRA}}=L(R_f-R_k)(T_2-T_1)\mathrm{e}^{-RT2} \tag{6-7}$$

对于远期利率协议的空头，合约的价值是：

$$V_{\mathrm{FRA}}=L(R_k-R_f)(T_2-T_1)\mathrm{e}^{-RT2} \tag{6-8}$$

式中，V_{FRA}表示远期利率协议的价值；R 是期限长度为 L 的无风险利率，也就是贴现利率，注意这里的贴现利率 R 是连续复利；其他变量的含义与式(6-7)和式(6-8)保持一致。

下面，通过 Python 自定义计算远期利率协议合约价值的函数，具体的代码如下：

```
In[49]:def V_FRA(Rk,Rf,R,L,T1,T2,position):
    ...:    '''构建计算远期利率协议合约价值的函数
    ...:    Rk:表示远期利率协议中的固定利率;
    ...:    Rf:表示当前观察到的未来[T1,T2]期间的远期参考利率;
    ...:    R:表示期限长度为 T2 的无风险利率;
```

```
...:     L:表示远期利率协议的本金;
...:     T1:表示期限的长度;
...:     T2:表示期限的另一个长度,T2 大于 T1;
...:     position:表示协议多头或空头,输入'long'代表多头,否则是空头'''
...:     if position=='long':
...:           return L*(Rf-Rk)*(T2-T1) *np.exp(-R*T2)
...:     else:
...:           return L*(Rk-Rf)*(T2-T1) *np.exp(-R*T2)
```

第七章　股票挂钩结构分析

第一节　股票挂钩产品的结构

随着金融工具的多元化发展，股票挂钩产品、期货挂钩产品等新型的理财产品相继诞生。股票挂钩产品是一种收益与股票价格或股价指数等标的相挂钩的结构化产品。本章将重点分析股票挂钩产品的产品结构、定价原则和避险方式，并配合 Python 数值计算对此股票挂钩型产品进行量化分析。国内银行的股票挂钩型产品主要以港股股票挂钩为主，例如招商银行的焦点联动系列。

一、高息票据与保本票据

作为一种结构化产品，股票挂钩产品由固定收益产品和衍生产品两部分组合而成，其中挂标的就是衍生品的基础资产，衍生品可以包括期货、期权、远期、互换等类型，但挂钩股票或其衍生品多为期权。根据产品组成结构，可以进一步将股票挂钩产品分成两大类，即高息票据（简称 HYN）和保本票据（简称 PGN）。

点睛：有需求才会有产品，或者说产品满足投资者的某种需求情况时才能存在。金融产品也不例外，HYN 投资人看跌或看跌与高息票据挂钩的股票，通过卖出期权得到权益金增厚收益；PGN 投资人看涨或看涨与保本票据挂钓的股票，但不愿意冒损失本金的风险购买（卖出）股票或者期权，则通过投资保本票据的方式，在风险稳定的情况下，获得潜在的收益。

如图 7-1 所示，HYN 由买进债券部分加上卖出期权部分组成；PGN 由买进债券部分加上买入期权部分组成。HYN 的到期收益为“本金＋利息＋期权权利金－期权行权价值”。由于期权行权价值可能较大，因而这类产品一般不保本，甚至可能出现投资损失。但投资者可以获得权利金收入，在期权行权价值较低甚至到期处于价外情况时，收益率相比同类产品较高，因此称为高息票据。同时，HYN 也存在着天然的最高收益率限制，此时期权到期处于价外状态。PGN 的到期收益为“本金＋利息＋期权行权价值－期权权利金”。由于期权权利金有限，通过适当组合完全可以由利息覆盖，所以此类产品能够实现完全或部分保本，甚至承诺最低收益。当然，由于期权行权价值可能无限大，所以投资者的收益理论上也可能无限大，但概率很小，且发行人一般都会设定上限收益率加以限制。

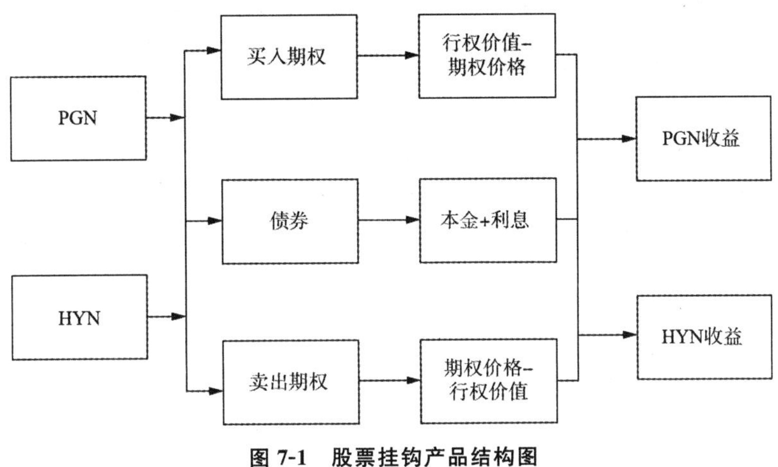

图 7-1 股票挂钩产品结构图

二、产品构成要素说明

股票挂钩产品通常由固定收益部分与期权部分构成，期权收益部分为高息票据提供卖出期权保证金，为保本票据提供本金保证。期权部分为股票挂钩产品提供潜在超额收益。

(一)固定收益部分

1. 本金保障

股票挂钩产品对投资者的本金保障可以根据客户的需求而具体设定，包括四种情况，即不保障本金安全、部分保本、完全保本以及承诺一个大于零的最低收益。一般来说，HYN 大多是不保本的，而 PGN 有本金保障要求，但提前赎回需要一定费用。

2. 付息方式

固定收益部分的付息方式可以根据客户的需求而具体设定，主要包括四种类型，即零息债券、附息债券、摊销债券及浮动利率债券。

(1)零息债券：零息债券发行时按低于票面金额的价格发行，而在兑付时按照票面金额兑付利息隐含在发行价格和兑付价格之间。零息债券的最大特点是避免了投资者所获得利息的再投资风险。零息债券是不派息的债券，投资者购买时可获折扣(即以低于面值的价格购买)，在到期时收取面值。

(2)附息债券：附息债券是指在债券券面上附有息票的债券，或是按照债券票面载明的利率及支付方式支付利息的债券。息票上标有利息额、支付利息的期限和债券号码等内容持有人可从债券上剪下息票，并据此领取利息。附息债券的利息支付方式一般会在偿还期内按期付息，如每半年或一年付息一次。

(3)摊销债券和浮动利率债券：摊销债券与附息债券不同的是，在每年的偿还金额中不仅有利息，还有本金浮动利率债券，浮动利率债券是指发行时规定债券利率随市场利率定期浮动的债券，也就是说，债券利率在偿还期内可以进行变动和调整。

为了满足投资者对期间内现金流的要求，大部分的股票挂钩产品都是给付利息的，尤其是那些期限较长的保本型产品。但零息债券形式结构比较简单、明了，便于标准化发行、交易，如香港联合交易所有限公司(香港联交所)上市交易的 ELI 就采用这种形式。

点睛：零息债券是构造股票挂钩产品固定收益部分的最好选择，但是国内基本没有一年期以上的零息债券。国内定期存款本质上与零息债券的结构一致，但面临利率风险。

(二)期权部分

1. 挂钩标的

股票挂钩产品挂钩标的是股票及股指，基本上都是规模大、质量好、影响大的蓝筹股或指数，也可根据客户的具体需求而选择某类股票(个股或组合)或指数。对于保本票据而言，严格避险操作情况下，无论标的涨跌，发行人都可以获得无风险收益，在充分避险条件下，此类业务的风险是可测、可控的。

2. 挂钩/行权方式

股票挂钩产品到期收益与挂钩标的直接联系。目前，挂钩方式非常复杂，除常见的欧式期权外，还包括亚式、彩虹式、障碍式等更为复杂的奇异期权。其主要趋势为：首先，挂钩标的数目增加，多种标的之间在地理位置、行业领域等方面存在较大差异，如有的挂钩多个国家的主要股指，有的挂钩股票、黄金、石油等多种商品价格；其次，挂钩多个标的的相对表现，如选择多个标的中表现最差、最好或一般的标的；最后，具有路径依赖或时间依赖等性质。挂钩方式的复杂程度大大增加了产品定价的难度。

3. 价内/价外程度

这是反映期权虚实度的指标。虚值期权价格较低，因而可以使产品的参与率较大，而较大的参与率对投资者的吸引力较大。对于保本票价而言，由“参与率＝(股票挂钩产品价值－固定收益部分价值)÷隐含期权价值”可知，参与率表征的是期权投资程度，它与固定收益投资部分决定的保本率呈反向关系。

4. 可赎回条件

股票挂钩产品也可设置赎回条件，赋予发行人在预设条件下赎回股票挂钩产品的权利，这同时将限制投资者的获益程度。可赎回条件的触发一般和股价相关，处理上通常是将这类期权与股票挂钩产品内嵌的其他期权一同考虑，而保留固定收益部分单纯的债券性质。

三、产品的设计方法

股票挂钩产品设计样式极其灵活，难以覆盖所有产品样式，这里只对其一般规律加以总结，先分析固定收益和期权部分的条款设计，然后集中分析各参数之间的关系。

股票挂钩产品的设计参数包括保本率、最低收益率、最高收益率、参与率、行权价、发行价、面值、换股比例和期限。

(一)保本率

保本率即本金保障程度,由固定收益部分决定,即:

$$保本率=\frac{到期最低收益现值}{本金投资额}=\frac{固定收益部分到期现值}{票据面值}$$

通常 PGN 产品有保本率,而 HYN 不给予本金保障。习惯上,保本率一般不超过 100%,对于超出 100%的部分可以理解为最低收益率;同时,对最低保本率有限制,如台湾要求 80%以上。

(二)最低收益率

最低收益率与保本率密切相关,同样由固定收益部分决定,可理解为:

$$最低收益率=保本率-1 \tag{7-1}$$

一般情况下,当保本率不足 100%时,可认为最低收益率为负;当承诺了正的最低收益率时,也可以认为是 100%保本。同样,这个参数只适用于 PGN 而不适用于 HYN。

(三)预期最高收益率

对 PGN,最高收益率是基于产品买进期权的结构而内在设定的。看涨式 PGN 产品的最高收益率理论上是无限的,但实际中发行人也会通过设置上限等措施,限制最高收益率水平。看跌式 PGN 产品的最高收益率是有限的,理论上最大收益发生在标的价格降为 0 时。对 HYN,最高收益率是基于产品卖出期权的结构而内在设定的,实现时,卖出的期权并非被行权,投资者没有遭受行权损失。

(四)参与率

参与率是 PGN 产品的重要参数之一,参与率越大,分享挂钩标的涨跌收益的比例就越高,一般在 50%～100%。HYN 产品一般不提及参与率,由于卖出期权,所以可理解为参与率是 100%。

参与率可用如下公式表示:

$$参与率=\frac{股票挂钩产品价值-固定收益部分价值}{隐含期权价值} \tag{7-2}$$

可见,参与率表征的是期权投资程度,它与固定收益投资部分决定的保本率呈反向关系。

四、行权价

行权价是决定股票挂钩产品中期权部分价值的重要因素。行权价的设定直接决定了期权的虚实度,影响期权价格,最终影响股票挂钩产品结构和收益特征。行权价有时用当期标的价格的百分比表示。

发行人在设定行权价时，不仅要考虑投资者的市场判断及发行人营销方面的要求，还要从定价和避险两方面考虑行权价与隐含波动率之间的关系，即所谓“波动率微笑”的影响。尤其是不同的股票或股价指数可能由于价格分布的不同而产生微笑结构差异，相应的对行权价的设计要求也是不同的。比如，S&P500 指数期权隐含波动率随着行权价提高而降低，呈现出向右下倾斜的形状而非标准的微笑结构。

五、发行价

PGN 通常平价发行，即发行价就是产品的面值或投资的本金；而 HYN 通常折价发行，到期偿还面值本金，发行价就是折价发行后的实际投资金额，一般用实际投资金额和面值金额的比例来表示。如前所述，可以通过发行价求得 HYN 的预期最高收益率。

实际中也有 HYN 产品为了提高产品吸引力，在名义上按面值发行的同时，承诺到期除了可以获得与挂钩标的表现相关的投资收益外，还可以获得部分优惠利息。其本质上还是折价发行，可以通过对未来稳定预期的现金流表现来转化为一般的折价发行的 HYN 产品。

六、面值

股票挂钩产品的票面价值对 HYN 和 PGN 有着不同意义。一般来说，HYN 产品的面值代表着未来理想状况下的偿还本金，通常是换股比例与行权价的乘积；而 PGN 产品的面值就是投资者购买时的实际投资金额，也是完全保本下的承诺最低偿还金额。股票挂钩产品，无论是 HYN 还是 PGN，一般面值较大，甚至可换算为几百万人民币，影响了其流动性。

七、换股数

HYN 产品中有换股比例，即投资者在到期时不利条件下每份 HYN 将获得的标的股票数目，因此也称换股数。换股数是影响面值大小的要素之一，有：

$$面值=换股数\times行权价 \tag{7-3}$$

八、期限

HYN 产品的期限较短，在中国台湾一般是 28 天到 1 年。较短的投资期限，有利于经过年化处理后获得较高的预期收益率，从而增加 HYN 作为“高息”票据的投资吸引力。而 PGN 产品的期限相对较长，如在美国一般长达 4～10 年。

严格来说，发行人还要考虑到波动率期限结构的影响，即波动率将随着时间的变化而做出的变化，这同样关乎发行人产品定价和避险交易等方面。

第二节 分级型结构产品分析

结构性产品包括结构性票据与结构性融资工具两大类。前者通常与衍生品交易相联系，后者指各种基于基础资产发行的资产证券化产品。

一、分级型结构产品的组成

金融杠杆简单地说就是一个放大器。使用杠杆，可以放大投资的收益或者损失，无论最终的结果是收益还是损失，都会以一个固定的比例增加收入或风险。杠杆型金融产品主要利用杠杆来放大收入或者损失，以满足具有风险偏好投资者的需求。杠杆型金融产品按杠杆的来源还可以分为两类：保证金型交易与分级融资型产品。保证金型交易，例如，保证金比例为10%，10元保证金便可进行100元市价股票的买进卖出，杠杆率为10倍，如果某股票上涨5%则其收益率为10×5%=50%；分级融资型产品，例如，某基金规模为100亿元，它可以通过发行有限股或者债券的形式募集100亿元资金，使得基金规模达到200亿元，使基金投资的杠杆率为2倍，投资收益在满足债券利息或者优先股股利分配后，其余归普通份额持有人所有。国内基金形式为契约型，可以通过发行分级基金的方法将基金分为优先级与普通级[例如，银华稳进(150018)与银华锐进(150019)、中证500A(150028)与中证500B(150029)]，使优先级基金具有较低的风险收益，普通级基金具有风险较高的杠杆型投资收益。

二、分级型结构产品的结构比例

如图7-2所示，分级型结构产品由优先级份额与普通级份额组合而成。优先级份额与普通级份额的比例如何确定，即产品的杠杆率如何确定？

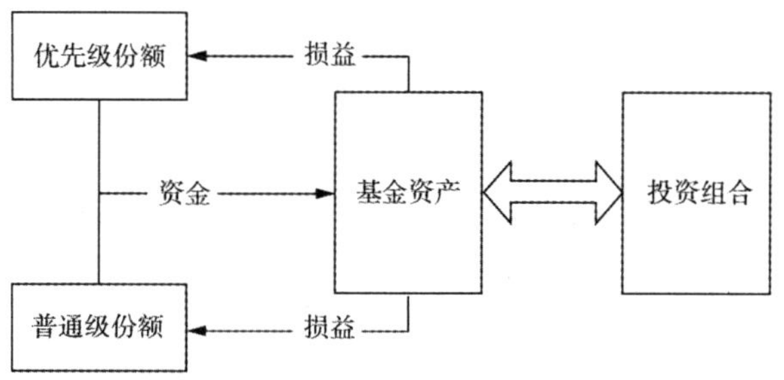

图7-2 分级型结构产品框架

如果优先级份额与普通级份额之比较大，则产品的杠杆率较大。例如，优先级份额为3 000万份，普通级份额为1 000万份，(3 000+1 000)/1 000=4，即杠杆率为4倍。由于分级型结构产品一般给予优先级份额保本承诺，所以当产品亏损25%时应该平仓，以保证优先级份额的本金不受损失。

分级型结构产品杠杆如果过小，则对风险偏好较大的投资者吸引力有限；如果杠杆过大，则产品平仓线过高不宜投资操作。

目前，国内分级型基金杠杆率在 1.5～2 倍，例如：中证 500B(150029)的初始杠杆率为 1.67 倍，银华锐进(150019)的初始杠杆率为 2 倍。通过信托方式募集的结构型信托产品杠杆率在 2～4 倍，但允许在产品接近平仓线时，普通级份额投资人追加投资，避免触及平仓条款(注：该类信托的普通投资人一般为信托管理人)。

三、分级型结构产品的收益分配

分级型结构产品由优先级份额与普通级份额组成，优先级份额持有人主要为风险厌恶型，普通级份额持有人主要为风险偏好型。分级型结构产品通过优先级份额与普通级份额的不同收益分配方式，将不同风险偏好的投资结合起来。分级型结构产品收益分配方式主要有以下几种：①优先级份额类似于债券，具有本金保障且每年收益一定，例如银华稳进(150018)，在一定条件下给予优先份额固定的收益；②优先级份额与普通级份额风险收益比例不一样，比如，假设优先级份额与普通级份额数量比为 1∶1，优先级份额与产品整体的损益比为 1∶5，普通级份额与产品整体的损益比为 9∶5，即产品整体亏损 1 元，优先级与普通级承担的损失分别为 0.1 元与 0.9 元；③以上两种方式的结合，首先给予优先份额保本权利，并给予产品正收益的一部分作为优先份额的额外收益等。

分级型结构产品的收益分配策略是影响分级型产品销售效果的重要因素，如果收益分配策略使优先级份额与普通级份额收益分配不均衡，就会使产品对客户缺乏吸引力。

四、分级型结构产品的沟通方式

结构性基金的份额规模及份额配比的稳定是基金稳定运行的内在要求。为此，适应基金份额特征的交易方式创新以及流动性解决机制设计，构成了结构性基金创新设计的重要内容。实际可能的途径包括两个方面：①通过结构性基金内含机制的创新设计，提高结构性基金两级份额的可交易性，实现两级份额的分别上市交易，既可稳定产品结构，也可满足投资者的流动性需求；②根据结构性基金各级份额特征及其目标客户定位，对市场交易性较差的优先级份额进行交易方式的创新设计，比如，允许优先级份额进行定期申购/赎回交易，积极寻求通过银行柜台转让、场外转让、交易所大宗交易系统转让等方式满足优先级份额的流动性需求。

例如，根据基金份额交易特性及其目标客户交易习惯与交易偏好的不同，较早期上市的瑞福基金(2015 年 8 月 14 日到期，转为 LOF 基金)的两级份额采取差异化的交易安排，其中，瑞福进取在交易所上市交易；对于市场交易性较差的瑞福优先，则通过定期申购/赎回进行交易，既适应了银行客户进行基金投资的交易习惯，也满足了投资者的流动性需求。

五、分级型结构产品的风险控制

首先，在基金的实际投资运作过程中，严格控制基金的投资范围，选择合理的投资策略，力求保持基金投资目标及投资风格的一贯性，避免盲目地追求高收益。加强基金投资的流动性风险管理，严格控制流动性较差证券的投资比例，并充分考虑在市场极端情况下的风险应对措施。

其次，合理设置并严格控制结构性基金的杠杆运用比率。比如，结构性基金的杠杆比率(优先级份额与基金资产净值的比率)不应超过 0.5：1，以为优先级份额提供足够的资产安全保护垫。

再次，提高基金运作的透明性。加强基金运作信息的披露与监管，对于结构性基金的投资标的、风险来源及其风险收益特征等进行充分的信息披露，充分有效地披露基金运作过程中存在的风险及其防范措施。

最后，高度重视流动性。结构性基金应针对目标客户的实际需求做出合理、有效的交易安排，满足投资者的流动性需求，并应充分考虑极端市场情况下的流动性解决方案，避免给投资者权益以及基金的稳定运作造成伤害。

综上所述，结构性产品的独特特征促使了结构性基金的创新与发展。近年来，凭借杠杆投资所带来的收益放大效应及其良好的市场交易特性，杠杆基金在美国封闭式基金市场得以盛行。借鉴美国杠杆基金设计与运作经验，结构性基金须充分重视结构分级与交易方式的创新设计，在力求设计推出简洁易懂的结构性基金产品的同时，积极在专户理财业务中探索结构性产品的深化应用，并不断加强结构性基金的创新。

第三节　鲨鱼鳍期权期望收率测算

一、鲨鱼鳍期权简介

鲨鱼鳍期权这个名字来源于该期权收益曲线的形状。

产品结构的复杂化使产品的收益非线性化，普通客户无法直接从中辨别产品优劣。

结构化产品可以通过“满足更多客户需求”的方法，降低实际的融资成本，提高产品发行证券公司的收入。

例如：某证券公司 2014 年 10 月推出的金添利 F 系列产品(F1)约定：

产品挂钩沪深 300 指数，期限为 34 天(观测期)；

如果期间沪深 300 指数收益 $R\leqslant 2\%$，则产品年化收益率为 3.5%；

如果期间沪深 300 指数收益 $2\%<R\leqslant 10\%$，则产品年化收益率为 $35\%+(R-2\%)$；

如果期间任意时刻沪深 300 指数收益 $R>10\%$，则产品年化收益率为 4.2%。

注：任意时刻沪深 300 指数收益为 R，在模拟中简化为期间沪深 300 指数收益率。

二、鲨鱼鳍期权收益率曲线

鲨鱼鳍期权收益率曲线如图 7-3 所示。

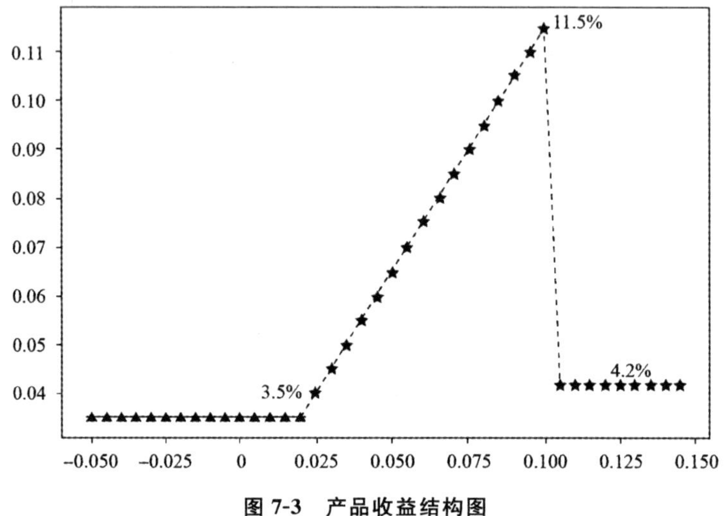

图 7-3 产品收益结构图

第八章　运用 Python 分析期权的定价与风险

第一节　A股股票期权市场简介

一、权证市场

A 股股票期权最早是以权证的形式亮相，并且权证市场的发展可分为两个阶段：第一阶段是权证的试点，这个阶段从 1992 年 6 月至 1996 年 6 月；第二阶段是权证的重启和终结，这个阶段从 2005 年 7 月至 2011 年 8 月。

（一）权证的试点

A 股市场的第一个权证是于 1992 年 6 月推出的，当时的权证名称是“大飞乐配股权证”。

第一次掀起权证热潮是 1992 年 10 月 30 日发行的中长期认股权证——宝安权证。宝安权证是由上市公司——深圳市宝安企业（集团）股份有限公司（现更名为中国宝安集团股份有限公司）于 1992 年 10 月 30 日向老股东发放，为期 1 年，发行数量为2640万张。此后，沪深证券交易所在 1994 年、1995 年开始推出转配股权证。

由于当时证券市场刚刚起步，市场主体自我约束能力和市场创新能力严重不足，法律法规不健全，而监管能力和效率又不高，导致权证市场过度投机，损害了普通投资者的权益，监管层在 1996 年 6 月底暂停了权证交易。

（二）权证的重启与终结

阔别近 10 年后，权证再次出现在资本市场，这次权证的出现有其特殊的历史作用，主要目的是解决资本市场上独有的股权分置问题。

2005 年 7 月 18 日，沪深证券交易所同时颁布了《权证管理暂行办法》，为权证产品复出奠定了制度基础。

随后，宝钢权证——宝钢 JTB1(580000)于 2005 年 8 月 22 日在上海证券交易所正式挂牌交易，标志着权证重新回归。

2005 年 11 月 22 日上海证券交易所发布《关于证券公司创设武钢权证有关事项的通

知》，通知明确规定，取得中国证券业协会创新活动试点资格的证券公司可作为“创设人”创设权证（即卖空权证）。

2005 年 11 月 28 日，10 家创新类券商创设的 11.27 亿份武钢认沽权证上市。

2007 年 6 月 21 日，第一只以现金行权的股改权证南航 JTPI 上市。

2011 年 8 月 18 日，伴随着最后一只权证长虹 CWB1 的到期日，权证从此退出了历史舞台。

针对这次权证的重启和最后终结，有许多复杂的原因。一方面是监管层为了顺利地推进股权分置改革，重新推出了权证，将权证作为非流通股股东支付给流通股股东的对价，以减轻对二级市场的冲击；另一方面是权证以其高杠杆性和 T+0 的交易特性吸引了众多个人投资者参加，中小投资者成为权证投资的主力军。但是，由于缺乏对权证正确认识，大量中小投资者盲目开展权证交易，不少投资者将权证当成股票进行炒作，最终损失惨重。

二、股指期权合约

2015 年 2 月 9 日，上海证券交易所正式挂牌交易上证 50ETF 期权，这意味着中国金融市场在权证谢幕的 3 年半以后迎来了全新的股指期权产品，2015 年也被称为“股指期权元年”。

上海证券交易所提供了上证 50ETF 期权日交易数据的下载服务。这里就以 2019 年 3 月到期、执行价格为 2.5 元的“50ETF 购 3 月 2500 合约”为例，运用 Python 演示该合约从上市首日（2018 年 7 月 26 日）至 2019 年 2 月末的日交易价格走势图（图 8-1），具体的代码如下：

```
In[1]:import numpy as np
   …:import pandas as pd
   …:import matplotlib.pyplot as plt
   …:from pylab import mpl
   …:mpl.rcParams['font.sans-serif'] = ['SimHei']
   …:mpl.rcParams['axes.unicode_minus'] = False
In[2]:option_data_pd.read_excel('C:/ Desktop/ 50ETF购3月2500合约每日价格数据.xlsx',sheet_name = "Sheet1",header = 0,index - col = 0)          #导入外部数据
In[3]:option_data.plot(figsize = (8,6),title = u'50ETF购3月2500合约的日交易价格走势图',grid = True,fontsize = 13)
Out[3]:
```

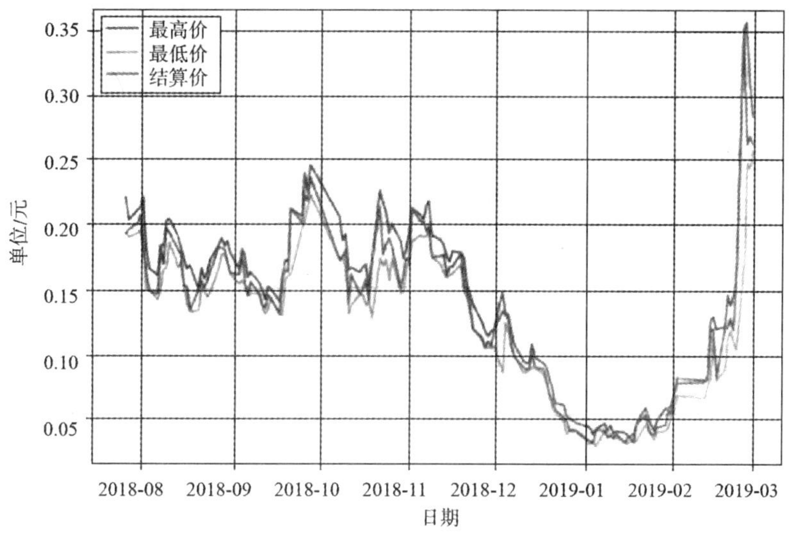

图 8-1 50ETF 购 3 月 2500 合约的日交易价格走势图

第二节 期权类型和到期时的盈亏

本节将介绍期权市场中期权的类型和相关要素，并且详细介绍看涨期权、看跌期权在到期时的盈亏情况以及看跌—看涨平价关系式。

一、期权的类型和要素

在期权市场上，期权合约可以分成看涨期权和看跌期权两种基本类型。看涨期权（也称"认购期权"）是指给期权持有人在未来某一时刻以约定价格有权利买入基础资产的金融合约；相反，看跌期权（也称"认购期权"）则是指给期权持有人在将来某一时刻以约定价格有权利卖出基础资产的金融合约。

期权还可以分为美式期权和欧式期权。美式期权可以在合约到期日之前的任何时刻行使权利，欧式期权则只能在到期日才能行使权利，A 股市场的股指期权就是欧式期权。在理论上，欧式期权比美式期权更容易分析，当然美式期权的一些性质也常常可以从相应欧式期权的性质中推导出来。

期权的买入方被称为期权的多头或持有人，期权的卖出方被称为期权的空头或购出方。因此，期权市场中有 4 类参与者，一是看涨期权的买入方（持有人或多头），二是看涨期权的卖出方（购出方或空头），三是看跌期权的买入方，四是看跌期权的卖出方。

为了便于阅读，本书统一使用"多头"表示期权合约的买入方或持有人，"空头"表示期权合约的卖出方或购出方。

需要强调的是，期权的多头只有权利而无义务，具体而言，就是看涨期权赋予多头买入某个基础资产的权利，但是多头可以有权选择不行使买入该基础资产的权利；同样，看跌期权赋予多头卖出某个基础资产的权利，但是多头也可以有权选择不行使卖出该基础资产的权利。

在期权合约中会明确合约到期日，合约中约定的买入价格或者卖出价格则称为执行价格（又称“行权价格”）。

当然，期权多头拥有的这项权利是有代价的，必须付出一定金额的期权费（也称“权利金”）作为对价给空头才能获得该项权利，并且期权费是在合约达成时就需要支付。

二、看涨期权到期时的盈亏

看涨期权多头是希望基础资产价格上涨。为了便于理解，首先通过一个例子讲解看涨期权到期时的盈亏情况，然后推导出更加一般的盈亏表达式。

假定 A 投资者买入基础资产为 100 股 W 股票、执行价格为 50 元/股的欧式看涨期权。假定 W 股票的当前市场价格为 46 元/股，期权到期日为 4 个月以后，购买 1 股 W 股票的期权价格（期权费）是 6 元，投资者最初投资为 600 元（100×6），也就是一份看涨期权的期权费是 600 元。

由于期权是欧式期权，因此 A 投资者只能在合约到期日才能行使期权。下面，考虑两种典型的情形。

情形 1：如果在期权到期日，股票价格低于 50 元/股（比如下跌至 43 元/股），A 投资者不会行使期权，因为没有必要以 50 元/股的价格买入该股票，而是可以在市场上以低于 50 元/股的价格购买股票。因此，A 投资者将损失全部 600 元的初始投资，这也是 A 投资者的最大亏损。

情形 2：如果在期权到期日，股票价格大于 50 元/股，期权将会被行使。比如，在期权到期日，股价上涨至 60 元/股，通过行使期权，A 投资者可以按照 50 元/股的执行价格买入 100 股股票，同时立刻将股票在市场上出售，每股可以获利 10 元，共计 1 000 元。将最初的期权费考虑在内，A 投资者的净盈利为 1 000－600＝400 元，这里假定不考虑股票买卖本身的交易费用。

此外，空头与多头之间是零和关系，因此多头的盈利就是空头的损失，同样，多头的损失也就是空头的盈利。

不失一般性，假设 K 代表期权的执行价格，S_T 是基础资产在期权合约到期时的价格，在期权到期时，欧式看涨期权多头的盈亏是 $\max(S_T-K-C,-C)$，空头的盈亏则是 $\max(S_T-K,0)$。

如果用 C 表示看涨期权的期权费，在考虑了期权费以后，在期权到期时，欧式看涨期权多头的盈亏就是 $\max(S_T-K-C,-C)$，空头的盈亏则是 $-\max(S_T-K-C,-C)$。

下面，运用 Python 将讨论的股票期权在到期时的盈亏状况进行可视化（图 8-2），相关的代码如下：

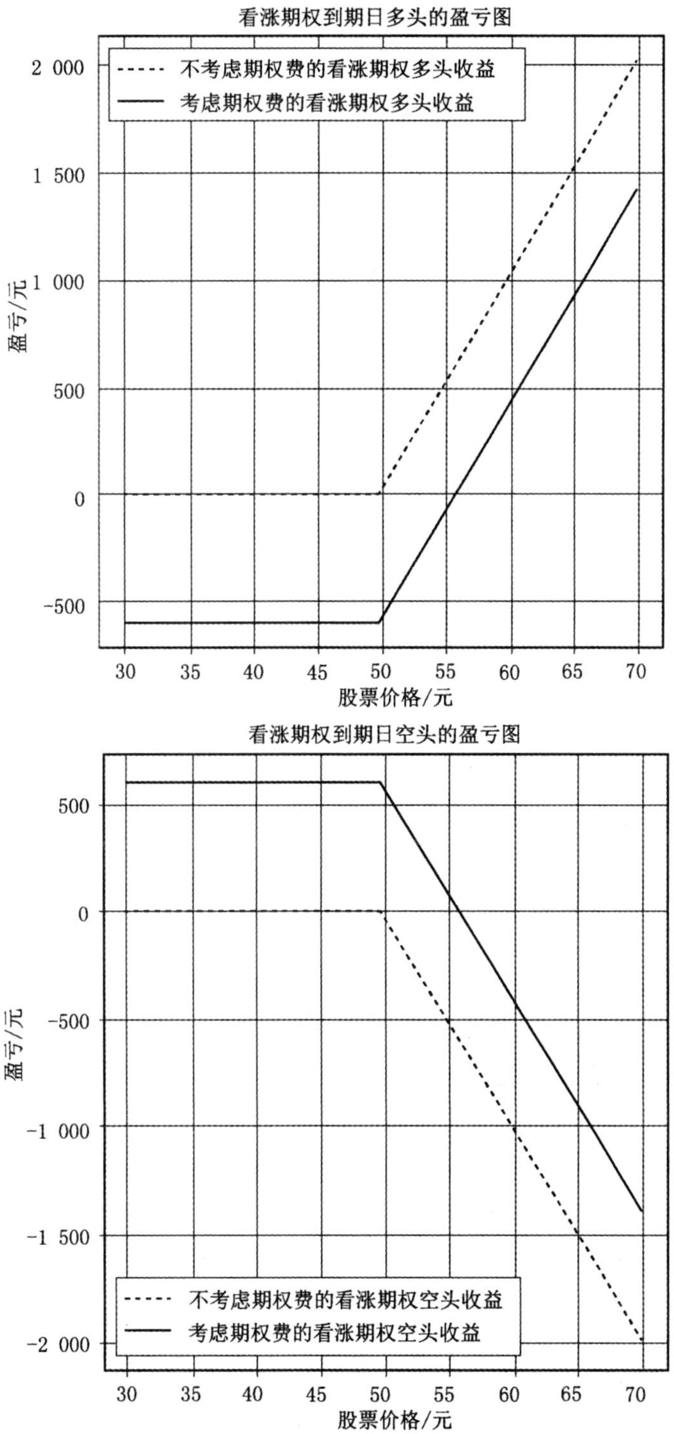

看涨期权到期日多头的盈亏图

不考虑期权费的看涨期权多头收益
考虑期权费的看涨期权多头收益

盈亏/元

股票价格/元

看涨期权到期日空头的盈亏图

不考虑期权费的看涨期权空头收益
考虑期权费的看涨期权空头收益

盈亏/元

股票价格/元

图 8-2　看涨期权到期日的盈亏图(多头和空头)

```
In[4]:S = np.linspace(30,70,100)                    # 模拟看涨期权到期时的股价
   ...:K = 50                                       # 看涨期权的执行价格
   ...:C = 6                                        # 看涨期权的期权费
   ...:call1 = 100 * np.maximum(S - K,0)     # 看涨期权到期时不考虑期权费的收益
   ...:call2 = 100 * np.maximum(S - K - C, - C)
                                              # 看涨期权到期时考虑期权费以后的收益
In[5]:plt.figure(figsize = (12,6))
   ...:p1 = plt.subplot(1,2,1)
   ...:p1.plot(s,call1,'r - - ',label = u '不考虑期权费的看涨期权多头收益',lw = 
2.5)
   ...:p1.plot(S,call2,'r - ',label = u '考虑期权费的看涨期权多头收益',lw = 2.5)
   ...:p1.set_xlabel(u '股票价格',fontsize = 12)
   ...:p1.set_ylabel(u '盈亏',fontsize = 12,rotation = 0)
   ...:p1.set_title(u '看涨期权到期日多头的盈亏图',fontsize = 13)
   ...:p1.legend(fontsize = 12)
   ...:p1.gridl(' True')
   ...:p2 = plt.subplot(1,2,2)
   ...:p2.plot(S, - call1,'b - - ',label = u'不考虑期权费的看涨期权空头收益',lw
 = 2.5)
   ...:p2.plot(S, - call2,'b - ' ,label = u'考虑期权费的看涨期权空头收益',lw = 
2.5)
   ...:p2.set_xlabel(u '股票价格',fontsize = 12)
   ...:p2.set_ylabel(u '盈亏',fontsize = 12,rotation = 0)
   ...:p2.set_title(u '看涨期权到期日空头的盈亏图',fontsize = 13)
   ...:p2.legend(fontsize = 13)
   ...:p2.grid('True')
```

图 8-2 显示了案例中 A 投资者作为看涨期权多头以及交易对手作为看涨期权空头的盈亏与股票价格之间的关系，显然，股价与期权的盈亏之间并不是线性关系。此外，从图中也可以发现，看涨期权多头的潜在收益是无限的，但亏损是有限的；相反，看涨期权空头的潜在损失是无限的，而盈利则是有限的，这就是期权多头与空头之间风险的不对称性。

三、看跌期权到期时的盈亏

看跌期权多头是希望基础资产价格下跌。为了便于理解，依然是用一个例子讨论在合

约到期时看跌期权的盈亏情况，然后推导出更加一般的盈亏表达式。

假定 B 投资者买入基础资产为 100 股 Z 股票、执行价格为 70 元/股的欧式看跌期权。股票的当前价格是 75 元/股，期权到期日是 3 个月以后，1 股股票的看跌期权价格为 7 元（期权费），B 投资者的最初投资为 700 元（100×7），也就是一份看跌期权的期权费 700 元。同样是分两种情形进行讨论。

情形 1：假定在期权到期日，Z 股票价格下跌至 60 元/股，B 投资者就能以 70 元/股的价格卖出 100 股股票，因此在不考虑期权费的情况下，B 投资者每股盈利为 10 元，即总收益为 1 000 元；将最初的期权费用 700 元考虑在内，投资者的净盈利为 300 元。

情形 2：如果在到期日股票价格高于 70 元/股，此时看跌期权变得一文不值，B 投资者当然也就不会行使期权，损失就是最初的期权费 700 元。

不失一般性，可以得到在不考虑初始期权费的情况下，欧式看跌期权多头的盈亏是 max（$K-S_T-$，0），欧式看跌期权空头的盈亏则是 $-$max（$K-S_T-$，0）。

如果用 P 来表示看跌期权的期权费，在考虑了期权费以后，在期权到期时，欧式看跌期权多头的盈亏是 max（$K-S_T-P$，$-P$），空头的盈亏则是 $-$max（$K-S_T-P$，$-P$）。式子中的其他符号含义与前面的看涨期权保持一致。

运用 Python 将看跌期权到期时的盈亏状况进行可视化（图 8—3），相关的代码如下：

```
In[6]:S = np.linspace(50,90,100)                    #设定看跌期权到期时的股价
   ...:K = 70                                       #看跌期权的执行价格
   ...:P = 7                                        #看跌期权的期权费
   ...:put1 = 100 * np.maximum(K - s,0)      #看跌期权到期时不考虑期权费的收益
   ...:put2 = 100 * np.maximum(K - S - P, - P)
                                             #看跌期权到期时考虑期权费以后的收益
In[7]:plt.figure(figsize = (12,6))
   ...:p3 = plt.subplot(1,2,1)
   ...:p3.plot(S,put1,'r - - ',label = u'不考虑期权费的看跌期权多头收益',1w =
2.5)
   ...:p3.plot(S,put2,'r - ',label = u'考虑期权费的看跌期权跌多头收益',1w = 2.5)
   ...:p3.set_xlabel(u'股票价格',fontsize = 12)
   ...:p3.set_ylabel(u'盈亏',fontsize = 12,rotation = 0)
   ...:p3.set_title(u '看跌期权到期日多头的盈亏图',fontsize = 13)
   ...:p3.legend(fontsize = 12)
   ...:p3.gridl(' True')
   ...:p4 = plt.subplot(1,2,2)
```

```
…:p4.plot(s,-put1,'b--',label=u'不考虑期权费的看跌期权空头收益',lw=
2.5)
…:p4.plot(s,_put2,'b-',label=u'考虑期权费的看跌期权空头收益',lw=2.5)
…:p4.set_xlabel(u'股票价格',fontsize=12)
…:p4.set_ylabel(u'盈亏',fontsize=12,rotation=0)
…:p4.set_title(u'看跌期权到期日空头的盈亏图',fontsize=13)
…:p4.legend(fontsize=13)
…:p4.grid('True')
```

图 8-3 显示了 B 投资者作为看跌期权多头、交易对手作为看跌期权空头的盈亏与期权合约到期日股票价格之间的关系，对比图 8-2，不难发现，看跌期权就是看涨期权的一个镜像反映。需要注意的是，看跌期权多头的损失是有限的，但是潜在的收益也是有限的，因为基础资产的价格（比如股票价格）不可能为负数。

此外，按照基础资产价格与期权执行价格的大小关系，期权可以划分为实值期权、平价期权和虚值期权。

四、看跌—看涨平价关系式

下面，介绍具有相同执行价格与期限的欧式看跌期权、看涨期权在价格上的一个重要关系式，关于这个关系式先从两个特殊的投资组合讲起。

（一）两个投资组合

首先，考虑以下两个投资组合在期权合约到期时的盈亏情况。

A 投资组合：一份欧式看涨期权和一份在 T 时刻到期的本金为负的零息债券；

B 投资组合：一份欧式看跌期权和一份基础资产。

这里需要假设看涨期权与看跌期权具有相同的执行价格 K 与相同的合约期限 T。

对于 A 投资组合而言，零息债券在期权合约到期日（T 时刻）的价值显然是等于 K，而对于看涨期权则分两种情形讨论。

情形 1：如果在 T 时刻，基础资产价格 $S_T>K$，A 投资组合中的欧式看涨期权将被执行，此时，A 投资组合的价值是 $(S_T-K)+K=S_T$；

情形 2：如果在 T 时刻，基础资产价格 $S_T<K$，A 投资组合中的欧式看涨期权就没有价值，此时 A 投资组合的价值为 K。

对于 B 投资组合而言，也分两种情形讨论。

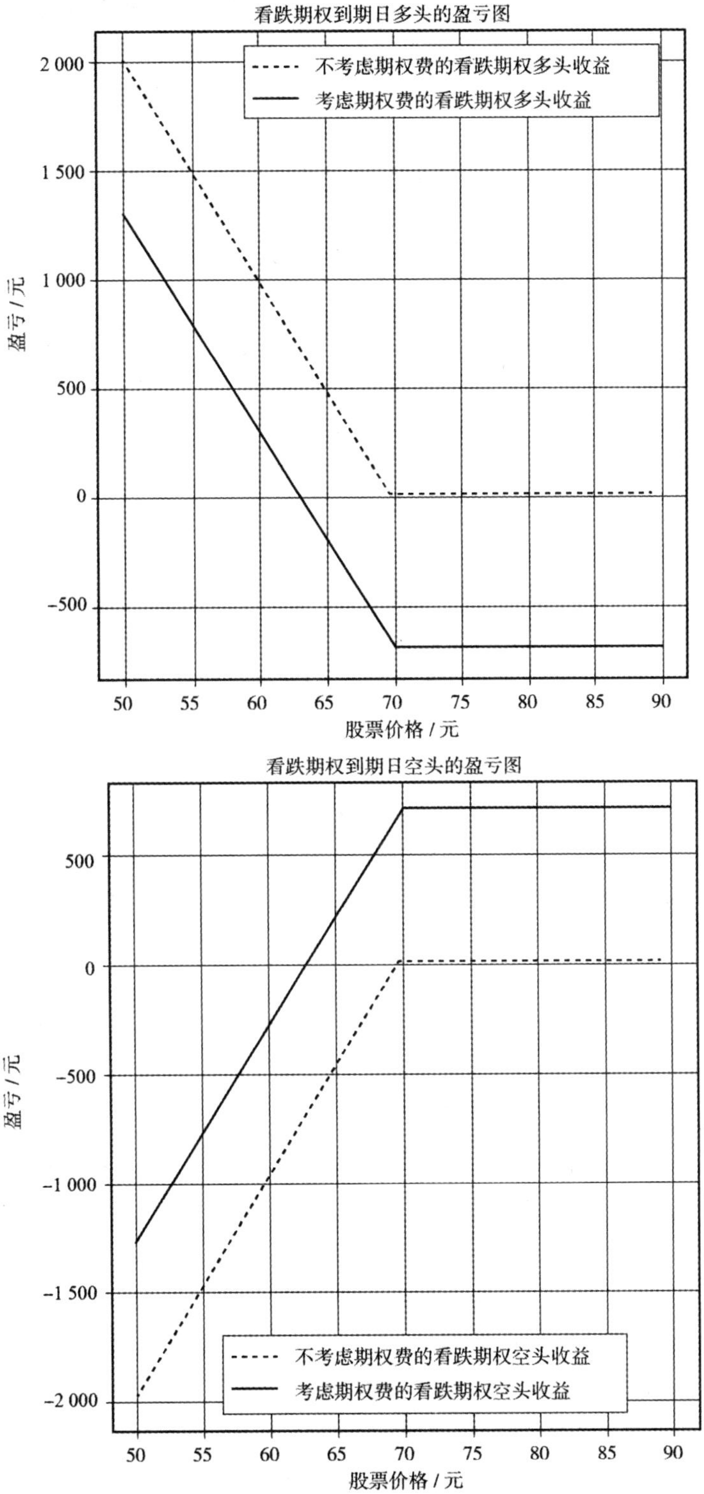

看跌期权到期日多头的盈亏图

不考虑期权费的看跌期权多头收益

考虑期权费的看跌期权多头收益

盈亏 / 元

2 000

1 500

1 000

500

0

-500

50　55　60　65　70　75　80　85　90

股票价格 / 元

看跌期权到期日空头的盈亏图

盈亏 / 元

500

0

-500

-1 000

-1 500

-2 000

不考虑期权费的看跌期权空头收益

考虑期权费的看跌期权空头收益

50　55　60　65　70　75　80　85　90

股票价格 / 元

图 8-3　看跌期权到期日的盈亏图(多头和空头)

情形 1：如果在 T 时刻，基础资产价格 $S_T>K$，此时，B 投资组合中的欧式看跌期权没有价值，此时，B 投资组合价值为 S_T，也就是仅剩下基础资产的价值；

情形 2：如果在 T 时刻，基础资产价格 $S_T<K$，此时，B 投资组合中的欧式看跌期权会被行使，此时 B 投资组合价值为 $(K-S_T)+S_T=K$。

综合以上的分析，当 $S_T>K$ 时，在 T 时刻两个投资组合的价值均为 S_T；当 $S_T<K$ 时，在 T 时刻两个投资组合的价值均为 K。换言之，在 T 时刻（期权合约到期时），两个投资组合的价值均为 $\max(S_T,K)$。

由于 A 投资组合与 B 投资组合中的期权均为欧式期权，在期权到期之前均不能行使，既然两个投资组合在 T 时刻均有相同的收益，在期权合约的存续期内也应该有相同的价值。否则，就会出现无风险套利机会，套利者可以买入价格低的投资组合，与此同时，卖空价格高的投资组合进行无风险的套利，无风险套利收益就等于两个组合价值的差额。

（二）抽象的数学表达式

在期权初始日，A 投资组合中的看涨期权和零息债券的价值分别表示为 c 和 Ke^{-rT}，B 投资组合中的看跌期权和基础资产的价值分别表示为 p 和 S_0，因此：

$$c+Ke^{-rT}=p+S_0 \tag{8-1}$$

注意，式子中的 r 是连续复利的无风险收益率。式(8-1)就是看跌－看涨平价关系式。

将式(8-1)略做变换，就可以得到式(8-2)、式(8-3)：

$$C=p+S_0-Ke^{-rT} \tag{8-2}$$

$$p=C+Ke^{-rT}-S_0 \tag{8-3}$$

根据式(8-2)可知，如果已知看跌期权价格，就可以推出相同执行价格、相同期限的看涨期权价格。同理，根据式(8-3)，如已知看涨期权价格，也可以得出相同执行价格、相同期限的看跌期权价格。

下面，运用 Python 自定义通过看跌－看涨平价关系式计算欧式看涨期权价格、看跌期权价格的函数，具体代码如下：

```
In[8]:def call_parity(p,S,K,r,T):
   ...:     '''通过看跌-看涨平价关系式计算欧式看涨期权的价格
   ...:     p:代表欧式看跌期权的价格;
   ...:     s:代表期权基础资产的价格;
   ...:     K:代表期权的执行价格;
   ...:     r:代表无风险收益率;
   ...:     T:代表期权合约的剩余期限。'''
   ...:     import numpy as np
   ...:     return p + S - K * np.exp( - r * T)
In[9]: def put_parity(c,S,K,r,T) :
   ...:     '''通过看跌-看涨平价关系式计算欧式看跌期权的价格
```

```
   ...:     c:代表欧式看涨期权的价格;
   ...:     S:代表期权基础资产的价格;
   ...:     K:代表期权的执行价格;
   ...:     r:代表无风险收益率;
   ...:     T:代表期权合约的剩余期限。'''
   ...:     import numpy as np
   ...:     return c + K * np.exp( - r * T) - S
```

(三)案例

假设当前股票价格为 20 元/股,期权的执行价格为 18 元/股,无风险收益率为每年 5%,3 个月的欧式看涨期权价格对外报价是 2.3 元,3 个月的欧式看跌期权对外报价是 0.3 元,通过看跌—看涨平价关系式判断期权价格的合理性,如果价格不合理,如何实施套利?

下面直接运用前面通过 Python 自定义的函数 call_parity 和 put_parity,分别计算满足看跌—看涨平价关系式的看涨期权、看跌期权价格,具体代码如下:

```
In[10]:call = call_parity(p = 0.3,S = 20,K = 18,r = 0.05,T = 0.25)
                                                    #计算看涨期权价格
   ...:put = put_parity(c = 2.3,S = 20,K = 18,r = 0.05,T = 0.25)
                                                    #计算看跌期权价格
   ...:print('运用平价关系式得到的看涨期权价格:',round(call,3))
   ...:print('运用平价关系式得到的看跌期权价格:',round(put,3))
运用平价关系式得到的看涨期权价格:2.524
运用平价关系式得到的看跌期权价格:0.076
```

显然,通过以上的计算,不难发现看涨期权被低估,看跌期权则被高估,因此可以通过持有看涨期权的多头头寸并买入零息债券(相当于买入 A 投资组合),同时持有看跌期权的空头头寸并卖空基础资产(相当于卖空 B 投资组合),从而实现无风险套利。

第三节　布莱克—斯科尔斯—默顿模型

在 20 世纪 70 年代初,费希尔·布莱克、迈伦·斯科尔斯和罗伯特·默顿在对欧式股票期权定价研究方面取得了重大的理论突破,提出了针对欧式期权定价的模型,该模型被称为布莱克—斯科尔斯—默顿模型(简称 BSM 模型)。

在推导出布莱克—斯科尔斯—默顿模型时,有以下 7 个假设前提条件:一是假设基础资产的股票价格服从几何布朗过程;二是可以卖空证券,并且可以完全运用卖空所获得的资金;三是无交易费用和无税收,所有证券均可无限分割;四是在期权期限内,基础资产无期间收入(比如股票不支付股息);五是市场不存在无风险套利机会;六是证券交易是连续进行的；七是短期无风险利率是一个常数，并对所有期限都是相同的。

此外，模型在推导过程中运用了一个很重要的微分方程，即

$$\frac{\partial f}{\partial t}+rS\frac{\partial f}{\partial S}+\frac{1}{2}\frac{\partial^2 f}{\partial S^2}\sigma^2 S^2=rf \tag{8-4}$$

其中，f 表示看涨期权价格，S 表示期权基础资产的价格，r 为连续复利的无风险收益率，σ 为基础资产价格百分比变化（收益率）的波动率，t 是时间变量。方程式就是著名的布莱克—斯科尔斯—默顿微分方程，该微分方程式的解就是欧式看涨期权的定价公式。下面直接给出欧式看涨期权的定价数学表达式。

欧式看涨期权的定价公式：

$$C=S_0N(d_1)-Ke^{-rT}N(d_2) \tag{8-5}$$

通过上一节讨论的看跌－看涨平价关系式，可以得到欧式看跌期权的定价公式：

$$P=Ke^{-rT}N(-d_2)-S_0N(-d_1) \tag{8-6}$$

$$d_1=\frac{S_0/K+r+\sigma^2/2T}{\sigma\sqrt{T}}$$

$$d_1=\frac{S_0/K+r-\sigma^2/2T}{\sigma\sqrt{T}}=d_1-\sigma\sqrt{T}$$

其中，C 与 P 分别表示欧式看涨、看跌期权的价格，S_0 是基础资产在 0 时刻（初始）的价格，是期权的执行价格，K 是连续复利的无风险收益率，σ 为基础资产价格百分比变化（收益率）的年化波动率，T 是期权合约的期限（年），$N(\cdot)$ 表示累积标准正态分布的概率密度。

下面，通过 Python 自定义基于布莱克－斯科尔斯－默顿模型计算欧式看涨期权、看跌期权定价的函数，具体如下：

```
In[11]:def call_BS(S,K,sigma,r,T):
    ...:     '''运用布莱克－斯科尔斯－默顿定价模型计算欧式看涨期权价格
    ...:     S:代表期权基础资产的价格;
    ...:     K:代表期权的执行价格;
    ...:     sigma:代表基础资产价格百分比变化的年化波动率
    ...:     r:代表无风险收益率;
    ...:     T:代表期权合约的剩余期限。'''
    ...:     import numpy as np
    ...:     from scipy.stats import norm
                                    #从 SciPy 的子模块 stats 中导入 norm 函数
    ...:     d1 = (np.log(S/K) + (r + pow(sigma,2)/2) * T)/(sigma * np.sqrt(T))
    ...:     d2 = d1 - sigma * np.sqrt(T)
    ...:     return S * norm.cdf(d1) - K * np.exp(-r * T) * norm.cdf(d2)
In[12]: def put_BS(S,K,sigma,r,T):
    ...:     '''运用布莱克—斯科尔斯—默顿定价模型计算欧式看跌期权价格
    ...:     S:代表期权基础资产的价格;
```

```
...:     K:代表期权的执行价格;
...:     sigma:代表基础资产价格百分比变化的年化波动率
...:     r:代表无风险收益率;
...:     T:代表期权合约的剩余期限。'''
...:     import numpy as np
...:     from scipy. stats import norm
                                           #从 SciPy 的子模块 stats 中导入 norm 函数
...:     d1 = (np. log(S/ K)  + (r + pow(sigma,2)/ 2)  * T)/(sigma * np. sqrt(T))
...:     d2 = d1 - sigma * np. sqrt(T)
...:     return K * np. exp( - r * T)  * norm. cdf( - d2) - S *  norm. cdf( - d1)
```

第四节　期权价格与相关变量的关系

通过布莱克—斯科尔斯—默顿模型，不难发现有 5 个变量会影响期权的价格：一是当前基础资产价格 S_0，二是期权的执行价格 K，三是期权期限 T，四是基础资产的波动率 σ；五是无风险收益率 r。在本节中，将考虑当其中一个变量发生变化并且假定其他变量保持不变时，对于期权价格的影响。

下面，通过 Python 演示期权价格与包括基础资产（股票）价格、期权执行价格、波动率、无风险收益率、期限等变量之间的关系。

一、期权价格与基础资产价格的关系

对股票价格设定一个取值在区间[5,7]的等差数列，其他的变量取值保持不变，运用布莱克—斯科尔斯—默顿模型对期权进行定价，从而模拟期权价格与基础资产价格变动之间的关系（图 8-4），具体的代码如下：

```
In[14]:S_list = np. linspace(5. 0,7. 0,100)                    #生成基础资产价格的数组
   ...:call_list1 = call_BS(S = S_list,K = 6,sigma = 0. 24,r = 0. 04,T = 0. 5)
                                                                    #计算看涨期权的价格
   ...:put_list1 = put_BS(S = S_list,K = 6,sigma = 0. 24,r = 0. 04,T = 0. 5)
                                                                    #计算看跌期权的价格
In[15]: plt. figure(figsize = (8,6))
   ...:plt. plot(S_list,call_list1,'b - ',label = u '看涨期权',lw = 2.5)
   ...:plt. plot(S_list,put_list1,'r - ',label = u '看跌期权',lw = 2.5)
   ...:plt. xlabel(u '股票价格',fontsize = 13)
   ...:plt. ylabel(u '期权价格',fontsize = 13,rotation = 0)
   ...:plt. xticks(fontsize = 13)
```

```
...:plt.yticks(fontsize = 13)
...:plt.title(u '股票价格与股票期权价格的关系',fontsize = 13)
...:plt.legend(fontsize = 13)
...:plt.grid('True')
...:plt.show()
```

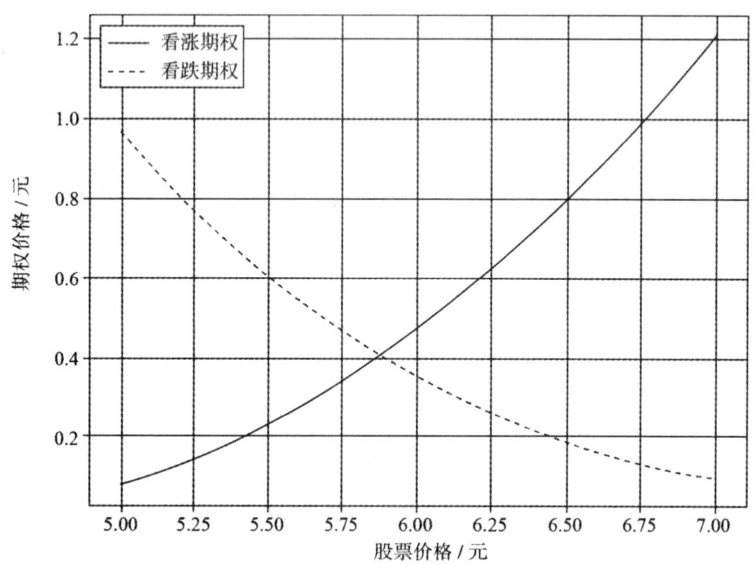

图 8-4　基础资产(股票)价格与期权价格的关系图

从图 8-4 中不难发现，随着基础资产股票价格的上升，看涨期权价格会增大，看跌期权的价格走向恰好与看涨期权相反，即随着股票价格的上升，看跌期权价格会减小。此外，基础资产价格的变化与期权价格的变化之间存在非线性关系。

二、期权价格与执行价格的关系

沿用前面工商银行股票期权信息，对期权的执行价格设定一个取值在区间[5,7]的等差数列，其他的变量取值保持不变，模拟期权价格与执行价格变动之间的关系(图 8-5)，具体的代码如下：

```
In[16]:K_list = np.linspace(5.0,7.0,100)                # 生成期权执行价格的数组
   ...:call_list2 = call_BS(S = 5.29,K = K_list,sigma = 0.24,r = 0.04,T = 0.5)
   ...:put_list2 = put_BS(S = 5.29,K = K_list,sigma = 0.24,r = 0.04,T = 0.5)
In[17]:plt.figure(figsize = (8,6))
   ...:plt.plot(K_list,call_list2,'b - ',label = u'看涨期权',lw = 2.5)
   ...:plt.plot(K_list,call_list2,'r - ',label = u'看跌期权',lw = 2.5)
   ...:plt.xlabel(u '执行价格',fontsize = 13)
   ...:plt.ylabel(u '期权价格',fontsize = 13,rotati on = 0)
```

```
    …:plt.xticks(fontsize = 13)
    …:plt.yticks(fontsize = 13)
    …:plt.title(u '执行价格与股票期权价格的关系',fontsize = 13)
    …:plt.legend(fontsize = 13)
    …:plt.grid('True')
    …:plt.show()
```

从图 8-5 中不难发现，随着期权执行价格的上升，看涨期权价格则会减小；相反，看跌期权价格则会增大。此外，期权执行价格的变化与期权价格的变化之间也存在非线性关系。

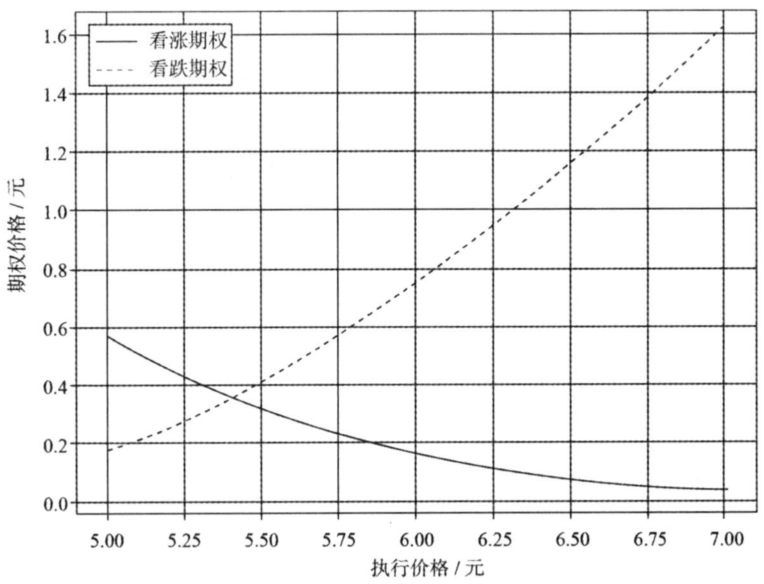

图 8-5 期权执行价格与期权价格的关系图

三、期权价格与波动率的关系

沿用前面工商银行股票期权信息，针对基础资产（股票）的波动率设定一个取值在区间[0.05,0.35]的等差数列，其他的变量取值保持不变，模拟期权价格与波动率之间的关系（图 8-6），具体的代码如下：

```
In[18]: sigma_list = np.linspace(0.05,0.35,100)                #生成波动率的数组
    …:call list3 = call_BS(S = 5.29,K = 6.0,sigma = sigma_list,r = 0.04,T = 0.5)
    …:put_list3 = put_BS(S = 5.29,K = 6.0,sigma = sigma_list,r = 0.04,T = 0.5)
In[19]: plt.figure(figsize = (8,6))
    …:plt.plot(sigma_list,call_list3,'b - ',label = u '看涨期权',1w = 2.5)
    …:plt.plot(sigma_list,put_list3,'r - ',label = u '看跌期权'1w = 2.5)
    …:plt.xlabel(u '波动率',fontsize = 13)
```

```
   ...:plt.ylabel(u'期权价格',fontsize = 13,rotation = 0)
   ...:plt.xticks(fontsize = 13)
   ...:plt.yticks(fontsize = 13)
   ...:plt.title(u'波动率与股票期权价格的关系',fontsize = 13)
   ...:plt.legend(fontsize = 13)
   ...:plt.grid('True')
   ...:plt.show()
```

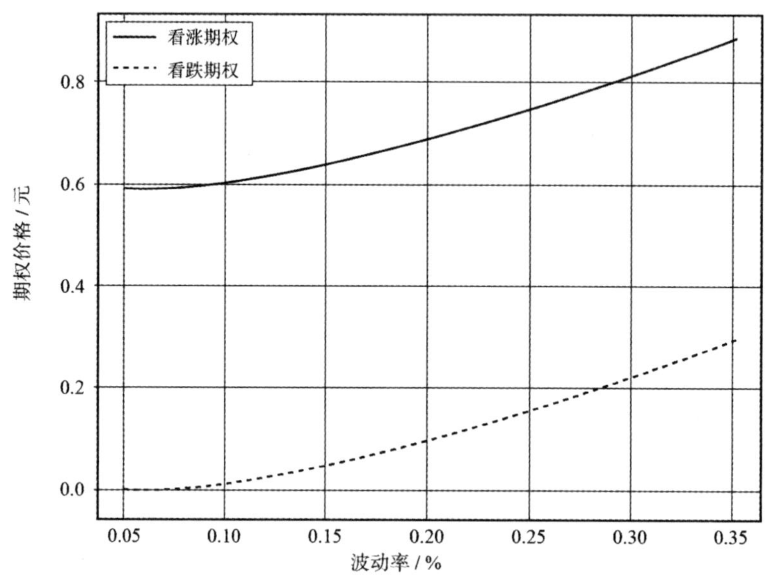

图 8-6　基础资产波动率与期权价格的关系图

从图 8-6 中不难发现，随着基础资产（股票）波动率的增加，看涨期权及看跌期权价格都会增加，但是波动率的变化与期权价格的变化之间依然是一种非线性关系。

四、期权价格与无风险收益率的关系

沿用前面工商银行股票期权信息，对无风险收益率设定一个取值在区间[0.01,0.1]的等差数列，其他的变量取值保持不变，模拟无风险收益率与期权价格之间的关系（图 8-7），具体的代码如下：

```
In[20]: r_list = np.linspace(0.01,0.10,100)          # 生成无风险收益率的数组
   ...:call_list4 = call_BS(S = 5.29,K = 6.0,sigma = 0.24,r = r_list,T = 0.5)
   ...:put_list4 = put_BS(S = 5.29,K = 6.0,sigma = 0.24,r = r_list,T = 0.5)
In[21]: plt.figure(figsize = (8,6))
   ...:plt.plot(r_list,call_list4,'b - ',label = u'看涨期权',lw = 2.5)
   ...:plt.plot(r_list,put_list4,'r - ',label = u'看跌期权',lw = 2.5)
   ...:plt.xlabel(u'无风险收益率',fontsize = 13)
```

```
…:plt.ylabel(u'期权价格',fontsize=13,rotation=0)
…:plt.xticks(fontsize=13)
…:plt.yticks(fontsize=13)
…:plt.ylim(0.0,0.85)
…:plt.title(u'无风险收益率与股票期权价格的关系',fontsize=13)
…:plt.legend(fontsize=13)
…:plt.grid('True')
…:plt.show()
```

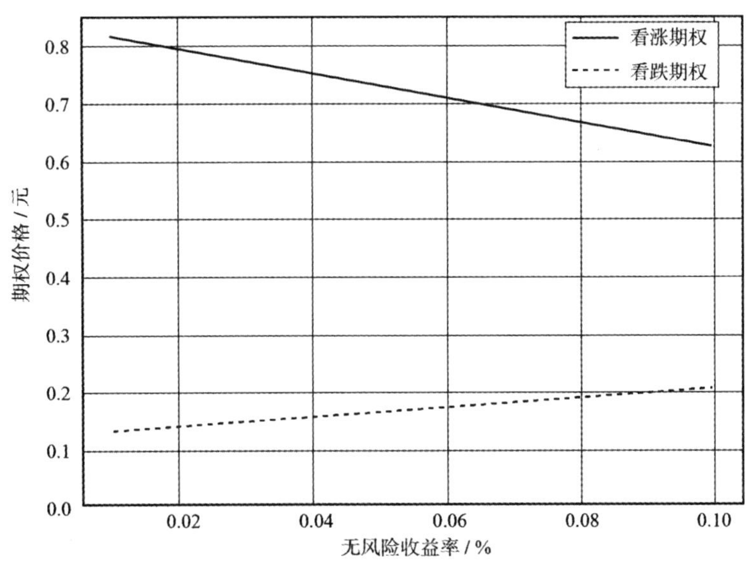

图 8-7 无风险收益率与期权价格的关系图

从图 8-7 中可以看到，当无风险收益率增加时，看涨期权的价格上升，看跌期权的价格则下跌，主要原因有以下两个方面。

一方面，无风险收益率的提高意味着用于贴现的利率也会提高，会导致期权执行价格的现值下降，从而增加看涨期权的价值，减少看跌期权的价值。

另一方面，投资基础资产需要占用投资者一定的资金，相比之下，对应相同规模基础资产的期权只需要投入较少的资金，这就是期权的杠杆性。在高利率的情况下，持有基础资产的成本就越高，期权的吸引力就越大。

以上两种效应的综合结果是当无风险收益率提高时，看涨期权价值会增加，看跌期权价值会下降。

五、期权价格与期权期限的关系

沿用前面工商银行股票期权信息，对期权的期限设定一个取值在区间[0.01,3]的等差数列，其他的参数保持不变，模拟期权期限与期权价格之间的关系（图 8-8），具体的代码如下：

```
In[22]:T_list = np.linspace(0.01,3.0,100)            #生成期权期限的一个数组
   ...:call_list5 = call_BS(S = 5.29,K = 6.0,sigma = 0.24,r = 0.04,T = T_list)
   ...:put_list5 = put_BS(S = 5.29,K = 6.0,sigma = 0.24,r = 0.04,T = T_list)
In[23]:plt.figure(figsize = (8,6))
   ...:plt.plot(T_list,call_list5,'b-',label - u'看涨期权',lw = 2.5)
   ...:plt.plot(T_list,put_list5,'r-',label = u'看跌期权' ,lw = 2.5)
   ...:plt.xlabel(u'期权期限',fontsize = 13)
   ...:plt.ylabel(u'期权价格',fontsize = 13,rotation = 0)
   ...:plt.xticks(fontsize = 13)
   ...:plt.yticks(fontsize = 13)
   ...:plt.title(u'期权期限与股票期权价格的关系',fontsize = 13)
   ...:plt.legend(fontsize = 13)
   ...:plt.grid('True')
   ...:plt.show()
```

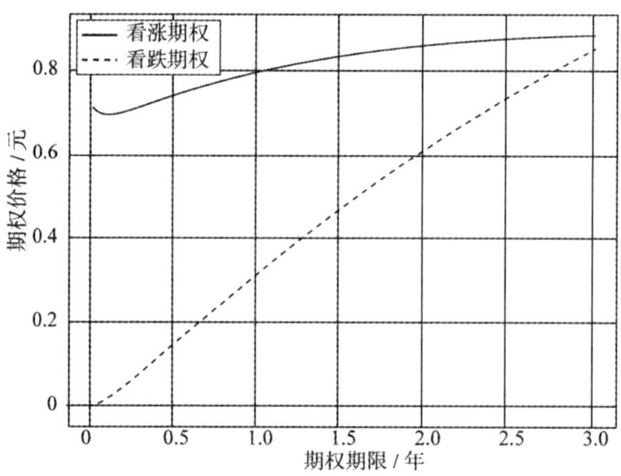

图 8-8　期权期限与期权价格的关系图

从图 8-8 中可以发现，无论是欧式看跌期权还是看涨期权，期权价格通常是期权期限的递增函数，但需要注意的是，当期权期限很短时，这一结论可能不成立。

第五节　衡量期权的风险——希腊字母

本节将主要讨论期权的希腊字母（Greekletters 或 Greeks），包括 Delta、Gamma、Theta、Vega 和 Rho，每个希腊字母都是用来度量期权头寸的某种特定风险，金融机构就是通过管理期权的这些希腊字母数值，从而使期权的风险控制在可承受的范围之内。下面依次讨论每个希腊字母的含义、计算方法，并进行可视化。

一、期权的 Delta

期权的 Delta(Δ)被定义为期权价格变动与基础资产价格变动的比率，也就是期权价格与基础资产价格之间关系曲线的切线斜率，即

$$\Delta=\frac{\partial \Pi}{\partial S} \tag{8-7}$$

式中，Π 表示期权的价格；S 表示基础资产的价格。

比如，期权 Delta 值等于 0.6 就意味着当基础资产价格变化一个很小的金额时，相应的期权价格变化约等于基础资产价格变化的 60%。

(一)Delta 的表达式

根据布莱克—斯科尔斯—默顿模型，对于欧式期权的 Delta 值，具体的数学表达式见表 8-1。

表 8-1　欧式期权的 Delta 表达式

期权类型	方向	Delta 的表达式
欧式看涨期权	多头	$\Delta=N(d_1)$
	空头	$\Delta=-N(d_1)$
欧式看跌期权	多头	$\Delta=N(d_1)-1$
	空头	$\Delta=1-N(d_1)$

下面，通过 Python 自定义计算欧式期权 Delta 的函数，具体代码如下：

```
In[24]:def delta_option(S,K,sigma,r,T,optype,positype):
   ...:       '''计算欧式期权的 Delta 值
   ...:       S:代表期权基础资产的价格；
   ...:       K:代表期权的执行价格；
   ...:       sigma:代表基础资产价格百分比变化的波动率；
   ...:       r:代表无风险收益率；
   ...:       T:代表期权合约的剩余期限；
   ...:       optype:代表期权类型，输入'call'表示看涨期权，输入'put'表示看跌期权；
   ...:       positype:代表期权头寸方向，输入'long'表示多头，输入'short'表示空头。'''
   ...:       import numpy as np
   ...:       from scipy. stats import norm
                                                #从 SciPy 的子模块 stats 中导入 norm 函数
   ...:       d1 = (np. log(S/ K) + (r + pow(sigma,2)/ 2)  * T)/(sigma * np. sqrt(T))
   ...:       if optype = = 'call':
   ...:           if positype = = 'long':
   ...:               delta = norm. cdf(d1)
```

```
...:            else:
...:                delta = - norm.cdf(d1)
...:        else:
...:            if positype = ='long':
...:                delta = norm.cdf(d1) - 1
...:            else:
...:                delta = 1  - norm.cdf(d1)
...:        return delta
```

沿用前面工商银行股票期权，假定股票的当前价格是 5 元/股，其他的参数均不变，运用前面 Python 定义的计算期权 Delta 值的函数 delta_option，分别计算看涨、看跌期权的多头与空头的 Delta 值。具体的代码如下：

```
In[25]:deltal = delta _option(S = 5,K = 6,sigma = 0.24,r = 0.04,T = 0.5,optype = '
call' ,positype = 'long')
      ...:delta2 = delta _option(S = 5,K = 6,sigma = 0.24,r = 0.04,T = 0.5,optype = '
call',positype =  'short')
      ...:delta3 = delta _option(S = 5,K = 6,sigma = 0.24,r = 0.04,r = 0.5,optype =  '
put ' ,positype =  ' long')
      ...:delta4 = delta _option(S = 5,K = 6,sigma = 0.24,r = 0.04,T = 0.5,optype =  '
put ,positype = ' short')
      ...:print('看涨期权多头的 Delta 值：',round(deltal,4))
      ...:print('看涨期权空头的 Delta 值：',round(delta2,4))
      ...:print('看跌期权多头的 Delta 值：',round(delta3,4))
      ...:print('看跌期权空头的 Delta 值：',round(delta4,4))
看涨期权多头的 Delta 值:0.1917
看涨期权空头的 Delta 值:-0.1917
看跌期权多头的 Delta 值:-0.8083
看跌期权空头的 Delta 值:0.8083
```

(二)基础资产价格与期权 Delta 的关系

沿用前面工商银行股票期权信息，对基础资产股票价格设定一个取值在区间[4.0,8.0]的等差数列，其他的参数保持不变，运用 Python 将基础资产股票价格与期权多头 Delta 值之间的对应关系可视化(图 8-9)，具体的代码如下：

```
In[26]: S_list = np.linspace(4.0,8.0,100)                      #生成股票价格的数组
      ...:Delta_call = delta_option(S = S_list,K = 6,sigma = 0.24,r = 0.04,T = 0.5,
optype = 'call',positype = 'long')                             #计算看涨期权的 Delta 值
      ...:Delta_put = delta_option(S = S_l1ist,K = 6,sigma = 0.24,r = 0.04,T = 0.5,
```

```
optype= 'put',positype=' long')                    #计算看跌期权的 Delta 值
    In[27]: plt.figure(figsize=(8,6))
        ...:plt.plot(S_list,Delta_call,'b-',label=u'看涨期权多头',lw=2.5)
        ...:plt.plot(S_list,Delta_put,'r- ',label= u'看跌期权多头',lw=2.5)
        ...:plt.xlabel(u'股票价格',fontsize=13)
        ...:plt.ylabel(u'Delta',fontsize=13,rotation=0)
        ...:plt.xticks(fontsize=13)
        ...:plt.yticks(fontsize=13)
        ...:plt.ylim(-1.0,1.0)
        ...:plt.title(u'股票价格与期权多头 Delta 的关系',fontsize=13)
        ...:plt.legend(fontsize=13)
        ...:plt.grid('True')
        ...:plt.show()
```

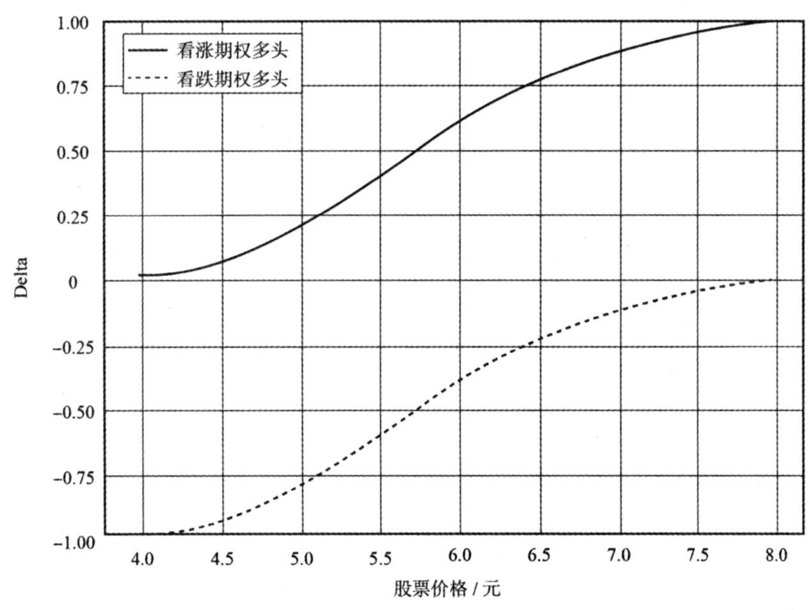

图 8-9　基础资产(股票)价格与期权多头 Delta 的关系图

图 8-9 显示了看涨与看跌期权的 Delta 值与基础资产价格之间的变化关系。从图中可以梳理出三个特征:一是当基础资产价格增大时,期权的 Delta 值会增加;二是曲线的斜率始终为正,用后面讨论的期权 Gamma 值来描述就是期权的 Gamma 值始终为正;三是当基础资产价格小于期权执行价格(6 元/股)时,随着基础资产价格的增大,曲线的斜率递增;相反,当基础资产价格大于执行价格时,曲线的斜率递减。

(三)期权期限与期权 Delta 值的关系

沿用前面工商银行股票期权信息,对期权的期限设定一个取值在区间[0.1,5.0]的等差数列，同时将期权分为实值期权、平价期权和虚值期权 3 类，运用 Python 将期权的期限与看涨期权多头 Delta 值之间的对应关系可视化（图 8-10），具体的代码如下：

```
In[28]: T_list = np.linspace(0.1,5.0,100)                                    #生成期权期限的数组
   ...: Delta_call1 = delta_option(S = 7,K = 6,sigma = 0.24,r = 0.04,T = T_list,
optype = 'call',positype = ' long')                                          #实值看涨期权的 Delta 值
   ...: Delta_call2 = delta_option(S = 6,K = 6,sigma = 0.24,r = 0.04,T = T_list,
optype = 'call',positype = 'long')                                           #平价看涨期权的 Delta 值
   ...: Delta_call3 = delta_option(S = 5,K = 6,sigma = 0.24,r = 0.04,T = T_list,
optype = 'call',positype = ' long')                                          #虚值看涨期权的 Delta 值
In[29]: plt.figure(figsize = (8,6))
   ...: plt.plot(T_list,Delta_call1,'b - ',label = u '实值看涨期权多头',lw = 2.5)
   ...: plt.plot(T_list,Delta_call2,'r - ',label = u '平价看涨期权多头',lw = 2.5)
   ...: plt.plot(T_list,Delta_call3,'g - ',label = u '虚值看涨期权多头',lw = 2.5)
   ...: plt.xlabel(u '期权期限',fontsize = 13)
   ...: plt.ylabel(u'Delta',fontsize = 13,rotation = 0)
   ...: plt.xticks(fontsize = 13)
   ...: plt.yticks(fontsize = 13)
   ...: plt.title(u"期权期限与看涨期权多头 Delta 的关系',fontsize - 13)
   ...: plt.legend(fontsize = 13)
   ...: plt.grid('True')
   ...: plt.show()
```

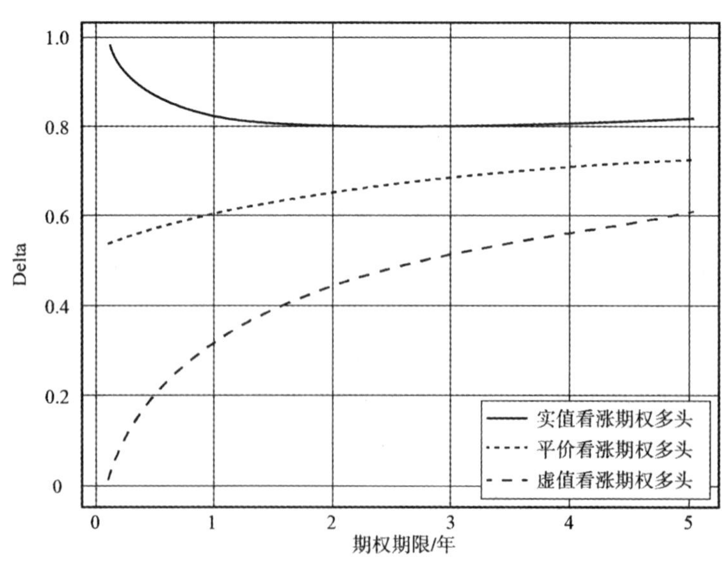

图 8-10　期权期限与看涨期权多头 Delta 的关系图

图 8-10 中有 3 条曲线，由上往下的第 1 条曲线表示实值看涨期权多头的 Delta 值与期权期限之间的关系，这条曲线的特点是随着期权期限的增加，实值看涨期权的 Delta 值是先递减然后再缓慢递增；第 2 条曲线、第 3 条曲线分别表示平价、虚值看涨期权多头的 Delta 值与期权期限之间的关系，显然平价、虚值期权的 Delta 值均是期权期限的递增函数，但是虚值期权 Delta 值的边际增量大于平价期权。

考虑到期权空头的希腊字母可以通过对期权多头的希腊字母取相反数直接得到，因此，限于篇幅，下面介绍的期权希腊字母将围绕着期权的多头展开讨论。

二、期权的 Gamma

期权的 Gamma(γ)是指期权 Delta 值的变化与基础资产价格变化的比率。Gamma 是期权价值关于基础资产价格的二阶偏导数：

$$\gamma=\frac{\partial^2 \Pi}{\partial S^2} \tag{8-8}$$

式中，Π 表示期权的价值；S 表示期权基础资产价格。

比如，期权 Gamma 等于 0.3，这就意味着当基础资产价格变化时，相应期权 Delta 的变化约等于基础资产价格变化的 30%。

(一)数学表达式

根据布莱克—斯科尔斯—默顿模型，对于欧式看涨和欧式看跌期权的 Gamma 值表达式均是：

$$\gamma=\frac{N'(d_1)}{S_0\sigma\sqrt{T}} \tag{8-9}$$

其中，$d_1=\frac{(S_0/K)+(\gamma+\sigma^2/2)T}{\sigma\sqrt{T}}$

$$N'(x)=\frac{1}{\sqrt{2\pi}}\mathrm{e}^{-x^2/2} \tag{8-10}$$

为了便于建模，以上式子经整理以后得到 Gamma 的表达式：

$$\gamma=\frac{N'(d_1)}{S_0\sigma\sqrt{T}}=\frac{1}{S_0\sigma\sqrt{2\pi T}}\mathrm{e}^{-{d_1}^2/2}$$

通过 Python 自定义计算欧式期权 Gamma 的函数，具体的代码如下：

```
In[30]:def gamma_option(S,K,sigma,r,T):
   ...:     '''计算欧式期权的 gamma 值
   ...:     S:代表期权基础资产的价格;
   ...:     K:代表期权的执行价格;
```

```
    ...:        sigma：代表基础资产价格百分比变化的波动率；
    ...:        r：代表无风险收益率；
    ...:        T：代表期权合约的剩余期限。'''
    ...:        import numpy as np
    ...:        from scipy. stats import norm
                                                  #从 SciPy 的子模块 stats 中导入 norm 函数
    ...:        d1 = (np. log(S/ K) + (r + pow(sigma,2)/ 2) * T)/(sigma * np. sqrt(T))
    ...:        return np. exp( - pow(d1,2) / 2)/(S * sigma * np. sqrt(2 * np. pi * T))
```

沿用前面工商银行股票期权信息，同时假定股票的当前价格是 5 元/股，其他的参数均不变，运用前面 Python 定义的计算期权 Gamma 值的函数 gamma-option，求出该期权的 Gamma 值，具体的代码如下：

```
In[31]:gamma = gamma_opt ion(S = 5,K = 6,sigma = 0. 24,r = 0. 04,T = 0. 5)
    ...:print('计算得到的欧式期权 Gamma 值：',round(gamma,4))
计算得到的欧式期权 Gamma 值：0. 3216
```

通过以上的计算可以得到期权的 Gamma 值是 0.3216。

（二）基础资产价格与期权 Gamma 的关系

沿用前面工商银行股票期权信息，对基础资产价格设定一个取值在区间[4.0,8.0]的等差数列，其他的参数保持不变，并运用 Python 将期权的基础资产价格（股票价格）与期权 Gamma 值之间的对应关系可视化（图 8－11），具体的代码如下：

```
In[32]: s_list = np. linspace(4. 0,8. 0,100)                  #生 成股票价格的数组
    ...:gamma_list1 = gamma_option(S = S_list,K = 6,sigma = 0. 24,r = 0. 04,T = 0. 5)
In[33]: plt. figure(figsize = (8,6))
    ...:plt. plot(S_list,gamma_list1,'b - ' ,1w = 2. 5)
    ...:plt. xlabel(u'股票价格',fontsize = 13)
    ...:plt. ylabel(u' Gamma',fontsize = 13,rotation = 0)
    ...:plt. xticks(fontsize = 13)
    ...:plt. yticks(fontsize = 13)
    ...:plt. title(u'股票价格与期权 Gamma 的关系',fontsize = 13)
    ...:plt. legend(fontsize = 13)
    ...:plt. grid('True')
    ...:plt. show()
```

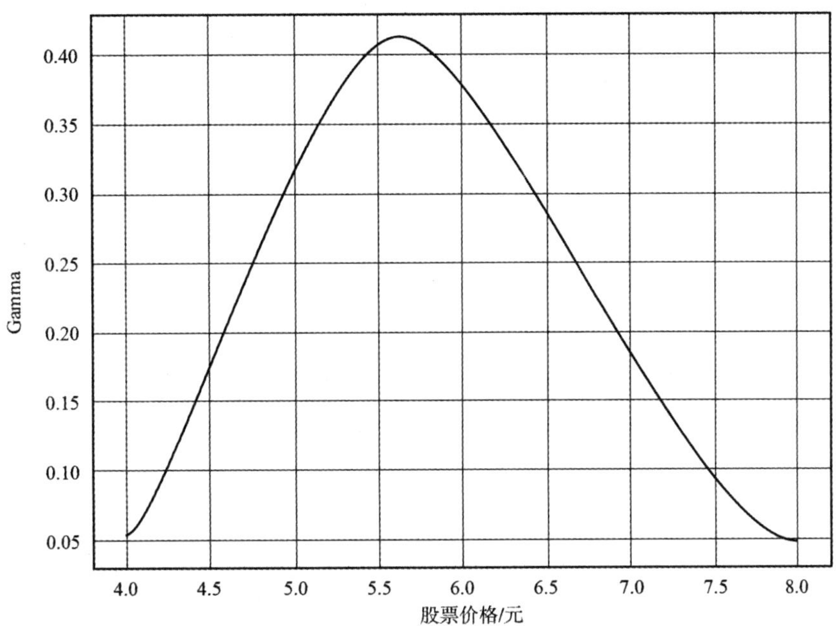

图 8-11 基础资产(股票)价格与期权 Gamma 的关系图

图 8-11 中的曲线比较接近于正态分布曲线，并且该曲线可以分为两段，第 1 段是基础资产价格显著小于期权执行价格，也就是看涨期权是深度虚值、看跌期权是深度实值，期权 Gamma 是基础资产价格的递增函数；第 2 段是基础资产价格略小于和大于期权执行价格，期权 Gamma 是基础资产价格的递减函数。此外，当期权接近于平价期权时，也就是基础资产价格接近于期权执行价格时，期权 Gamma 值最大。

(三)期权期限与期权 Gamma 的关系

沿用前面工商银行股票期权信息，对期权的期限设定一个取值在区间[0.1,5.0]的等差数列，同时将期权分为实值期权、平价期权和虚值期权三类，运用 Python 将看涨期权的期限与期权 Gamma 值之间的对应关系可视化(图 8-12)，具体的代码如下：

```
In[34]: T_list = np.linspace(0.1,5.0,100)                  # 生成期权期限的数组
   ...: gamma1 = gamma_opt ion(S = 7,K = 6,sigma = 0.24,r = 0.04,T = T_list)
                                                            # 实值看涨期权 Gamma
   ...: gamma2 = gamma_option(S = 6,K = 6,sigma = 0.24,r = 0.04,T = T_list)
                                                            # 平价看涨期权 Gamma
   ...: gamma3 = gamma_option(S = 5,K = 6,sigma = 0.24,r = 0.04,T = T_list)
                                                            # 虚值看涨期权 Gamma
In[35]: plt.figure(figsize = (8,6))
```

```
...:plt.plot(T_list,gamma1,'b-',label=u'实值看涨期权',lw=2.5)
...:plt.plot(T_list,gamma2,'r-',label=u'平价看涨期权',lw=2.5)
...:plt.plot(T_list,gamma3,'g-',label=u'虚值看涨期权',lw=2.5)
...:plt.xlabel(u'期权期限',fontsize=13)
...:plt.ylabel(u'Gamma',fontsize=13,rotation=0)
...:plt.xticks(fontsize=13)
...:plt.yticks(fontsize=13)
...:plt.ylim(0.0,0.9)
...:plt.title(u'期权期限与期权 Gamma 的关系',fontsize=13)
...:plt.legend(fontsize=13)
...:plt.grid('True')
...:plt.show()
```

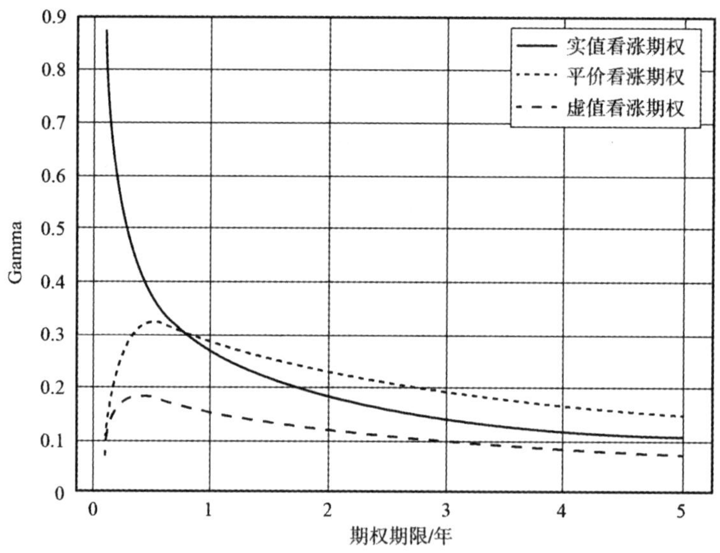

图 8-12　期权期限与期权 Gamma 的关系图

图 8-12 显示了平价期权、虚值期权和实值期权的 Gamma 与期权期限的关系。图中有 3 条曲线,从上往下的第 1 条是平价期权,第 2 条是虚值期权,第 3 条是实值期权。对于平价期权而言,Gamma 是期权期限的递减函数;同时,期限短的平价期权 Gamma 很高,这意味着越接近合约到期日,平价期权的 Delta 值对于基础资产价格变动越敏感。此外,无论对于虚值期权还是实值期权,当期权期限比较短时,Gamma 是期限的递增函数;当期限拉长时,Gamma 则变成了期限的递减函数。

三、期权的 Theta

期权的 Theta(θ)定义为在其他条件不变时，期权价值变化与时间变化的比率，即

$$\theta=\frac{\partial \Pi}{\partial T} \tag{8-11}$$

其中，Π 表示期权的价格；T 表示期权的期限。

Theta 有时也被称为期权的时间损耗。在其他条件不变的情况下，不论是看涨期权还是看跌期权，通常距离期权到期日越远，期权价值越高；距离期权到期日越近，期权价值则越低。所以在期权领域有这样一句话："对于期权的多头而言，时间流逝是敌人，对于期权的空头而言，时间流逝是密友。"

(一)数学表达式

对于一个欧式看涨期权，计算 Theta 的公式可以通过布莱克—斯科尔斯—默顿模型得出，并且看涨期权与看跌期权是存在差异的，对于看涨期权的 Theta，计算公式如下：

$$\theta_{call}=-\frac{S_0 N'(d_1)\sigma}{2\sqrt{T}}-rK\mathrm{e}^{-rT}N(d_2) \tag{8-12}$$

其中：

$$d_1=\frac{(S_0/K)+(r+\sigma^2/2)T}{\sigma\sqrt{T}}$$

$$d_2=\frac{(S_0/K)+(r-\sigma^2/2)T}{\sigma\sqrt{T}}=d_1-\sigma\sqrt{T}$$

$$N'(x)=\frac{1}{\sqrt{2\pi}}\mathrm{e}^{-x^2/2}$$

因此，为了便于建模，上页的计算公式经过整理可以得到：

$$\theta_{call}=\frac{S_0\sigma\mathrm{e}^{-d_1^2/2}}{2\sqrt{2\pi T}}-rK\mathrm{e}^{-rT}N(d_2) \tag{8-13}$$

对于一个欧式股票看跌期权，Theta 的计算公式则是：

$$\theta_{put}=-\frac{S_0 N'(d_1)\sigma}{2\sqrt{T}}+rK\mathrm{e}^{-rT}N(-d_2)=\theta_{call}+rK\mathrm{e}^{-rT} \tag{8-14}$$

看跌期权的 Theta 比相应看涨期权的 Theta 要大 $rK\mathrm{e}^{-rT}$。

下面，通过 Python 构建计算欧式期权 Theta 值的函数，具体如下：

```
In[36]: def theta_option(s,K,sigma,r,t,optype):
    ...:     '''计算欧式期权的 Theta 值
    ...:     S:代表期权基础资产的价格；
    ...:     K:代表期权的执行价格；
    ...:     sigma:代表基础资产价格百分比变化的波动率；
    ...:     r:代表无风险收益率；
```

```
...:     T:代表期权合约的剩余期限；
...:     optype:代表期权的类型，输入'call'表示看涨期权，输入'put'表示看跌期权。'''
...:     import numpy as np
...:     from scipy.stats import norm
                                      #从SciPy的子模块stats中导入norm函数
...:     d1 = (np.log(S/ K) + (r + pow(sigma,2)/ 2) * T)/(sigma * np.sqrt(T))
...:     d2 = d1 - sigma * np . sqrt(T)
...:     theta_call = - (S * sigma * np.exp( - pow(d1,2)/ 2))/(2 * np.sqrt(2 * np.pi * T)) -  r * K * np.exp( - r * T)  * norm.cdf(d2)
...:     if optype = 'call' :
...:         theta = theta_call
...:     else:
...:         theta = theta_call + r * K * np.exp( - r * T)
...:     return theta
```

需要注意的是，在布莱克－斯科尔斯－默顿模型中，时间是以年为单位的。但是，在计算Theta时，时间则是以天为单位。因此，Theta表示在其他变量不变的情况下，过了1天以后期权价值的变化。

在实践中，可以计算“每日历天”的Theta或“每交易日”的Theta。其中，“每日历天”的Theta就是计算以日历天数衡量的Theta，计算Theta的公式必须除以365。“每交易日”的Theta则是计算以交易日天数衡量的Theta，计算Theta的公式则是除以252，因为一年的交易日天数通常是252天。

沿用前面工商银行股票期权信息，假定股票的当前价格是5元/股，其他的参数均不变，运用前面Python定义的计算期权Theta的函数theta_option，分别计算看涨、看跌期权的Theta值，具体的代码如下：

```
In[37]: theta_call = theta_option(S = 5,K = 6,sigma = 0.24,r = 0.04,T = 0.5,optype = 'call')
   ...:theta_put = theta_option(S = 5,K = 6,sigma = 0.24,r = 0.04,T = 0.5,optype = 'put')
   ...:print('计算 得到的欧式看涨期权Theta值',round(theta_call,6))
   ...:print('计算得到的欧式看涨期权每日历天Theta值',round(theta_call/365,6))
   ...:print('计算得到的欧式看涨期权每交易日Theta值',round(theta_call/252,6))
   ...:print('计算得到的欧式看跌期权Theta值',round(theta_put,6))
```

```
    …:print('计算得到的欧式看跌期权每日历天 Theta 值',round(theta_put/
365,6))
    …:print('计算得到的欧式看跌期权每交易日 Theta 值',round(theta_put/
252,6))
计算得到的欧式看涨期权 Theta 值          -0.266544
计算得到的欧式看涨期权每日历天 Theta 值    -0.00073
计算得到的欧式看涨期权每交易日 Theta 值    -0.001058
计算得到的欧式看跌期权 Theta 值          -0.031296
计算得到的欧式看跌期权每日历天 Theta 值    -8.6e-05
计算得到的欧式看跌期权每交易日 Theta 值    -0.000124
```

(二)基础资产价格与期权 Theta 的关系

沿用前面工商银行股票期权信息，对基础资产价格设定一个取值在区间[1.0,11.0]的等差数列，其他的参数保持不变，并运用 Python 将期权的基础资产价格(股票价格)与期权 Theta 值之间的对应关系可视化(图 8-13)，具体的代码如下：

```
In[38]:s_list = np.linspace(1.0,11.0,100)                    # 生成股票价格的数组
    …:theta_list1 = theta_option(S = S_list,K = 6,sigma = 0.24,r = 0.04,T = 0.5,
optype = 'call')
    …:theta_list2 = theta_option(S = S_list,K = 6,sigma = 0.24,r = 0.04,T = 0.5,
optype = 'put')
In[39]: plt.figure(figsize = (8,6))
    …:plt.plot(S_list,theta_list1,'b-',label = u'看涨期权',1w = 2.5)
    …:plt.plot(s_list,theta_list2,'r-',label = u'看跌期权',1w = 2.5)
    …:plt.xlabel(u'股票价格',fontsize = 13)
    …:plt.ylabel(u'Theta',fontsize = 13,rotation = 0)
    …:plt.xticks(fontsize = 13)
    …:plt.yticks(fontsize = 13)
    …:plt.title(u'股票价格与期权 Theta 的关系',fontsize = 13)
    …:plt.legend(fontsize = 13)
    …:plt.grid('True')
    …:plt.show()
```

图 8-13 显示了看涨、看跌股票期权的 Theta 与基础资产价格之间关系的曲线。从图中可以得到如下四个结论：第一，无论是看涨期权还是看跌期权，Theta 与基础资产价格之间

的关系曲线形状是很相似的;第二,在期权行权价格(6 元/股)附近,也就是接近于平价期权时,无论是看涨期权还是看跌期权,Theta 是负值并且绝对值很大,这就意味着期权的价值对时间的变化非常敏感;第三,当基础资产价格大于执行价格时,Theta 的绝对值处于下降阶段;第四,当基础资产价格小于执行价格时,对于看跌期权而言,随着基础资产价格不断减小,期权 Theta 将由负转正并趋近于某一个正数,而看涨期权的 Theta 则趋近于零。

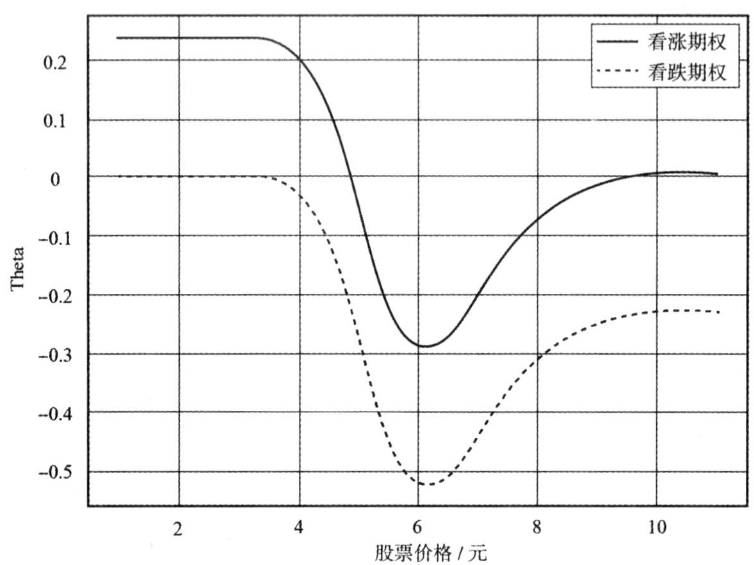

图 8-13 基础资产(股票)价格与期权 Theta 的关系图

(三)期权期限与期权 Theta 的关系

沿用前面工商银行股票期权信息,对期权的期限设定一个取值在区间[0.1,5.0]的等差数列,同时将期权分为实值期权、平价期权和虚值期权这 3 类,运用 Python 将看涨期权期限与期权 Theta 值之间的对应关系可视化(图 8-14),具体的代码如下:

```
In[40]: T_list = np.linspace(0.1,5.0,100)                    # 生成期权期限的数组
   ...: theta1 = theta_option(S = 7,K = 6,sigma = 0.24,r = 0.04,T = T_list,optype
= 'call')                                                    # 实值看涨期权的 Theta
   ...: theta2 = theta_option(S = 6,K = 6,sigma = 0.24,r = 0.04,T = T_list,optype
= 'call')                                                    # 平价看涨期权的 Theta
   ...: theta3 = theta_option(S = 5,K = 6,sigma = 0.24,r = 0.04,T = T_list,optype
= 'call')                                                    # 虚值看涨期权的 Theta
In[41]: plt.figure(figsize = (8,6))
   ...: plt.plot(T_list,theta1,'b-',label = u'实值看涨期权,lw = 2.5)
   ...: plt.plot(T_list,theta2,'r-',label = u'平价看涨期权',lw = 2.5)
```

```
...:plt.plot(T_list,theta3,'g-',label=u'虚值看涨期权',lw=2.5)
...:plt.xlabel(u期权期限',fontsize=13)
...:plt.ylabel(u'Theta',fontsize-13,rotation=0)
...:plt.xticks(fontsize=13)
...:plt.yticks(fontsize=13)
...:plt.title(u'期权期限与期权 Theta 的关系',fontsize=13)
...:plt.legend(fontsize=13)
...:plt.grid('True')
...:plt.show()
```

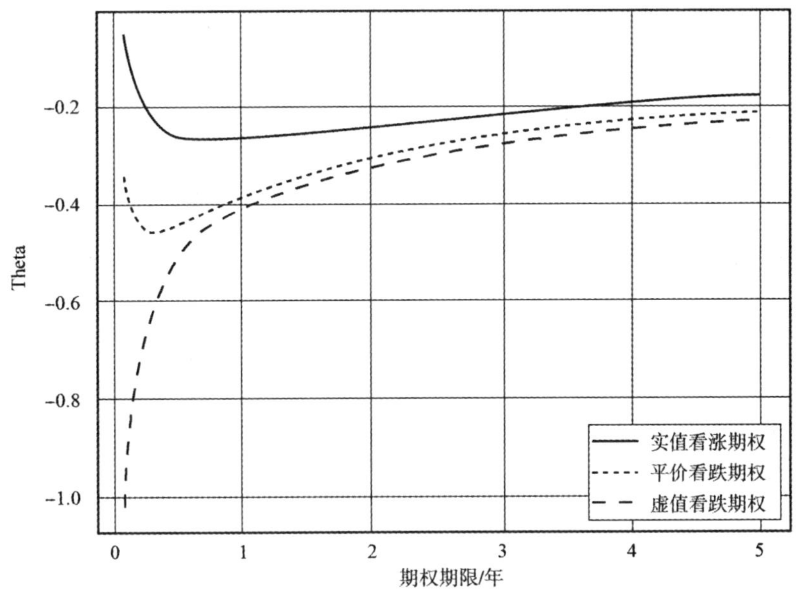

图 8-14 期权期限与期权 Theta 的关系图

图 8-14 显示了实值看涨期权、平价看涨期权、虚值看涨期权的 Theta 随期权期限变化的规律。图中有三条曲线，从上往下依次是实值、平价期权以及虚值。从图 8-14 中可以得到以下三个结论：一是当期权期限越短（即越临近期权到期日），平价期权的 Theta 绝对值越大，并且与实值期权、虚值期权在 Theta 上的差异也是最大的，因为当期权是平价时，期权到期时行权的不确定性最大，所以平价期权的价值对时间的敏感性就很大；二是平价期权的 Theta 值是期权期限的递增函数，相反，虚值期权和实值期权的 Theta 值在期权期限较短时是期限的递减函数，在期限较长时则是期限的递增函数；三是当期权期限不断变长时，实值期权、平价期权、虚值期权的 Theta 将会趋近。

四、期权的 Vega

本章到目前为止，一直都假设期权基础资产的波动率是常数。但是在实际中，波动率会随时间的变化而变化，这意味着期权价值不仅会随着基础资产价格、期权期限的变化而变化，同时也会随波动率的变化而变化。

期权的 Vega(V)是指期权价值变化与基础资产波动率变化的比率，即：

$$V=\frac{\partial \Pi}{\partial \sigma} \tag{8-15}$$

式中，Π 表示期权的价格；σ 表示基础资产的波动率。

如果一个期权的 Vega 绝对值很大，该期权的价值会对基础资产波动率的变化非常敏感。相反，当一个期权的 Vega 接近零时，基础资产波动率的变化对期权价值的影响则会很小。

此外，基础资产本身的 Vega 等于零，也就意味着基础资产波动率对基础资产价格的影响为零，原因是影响基础资产价格的变量中没有其自身波动率这个变量。

(一)数学表达式

欧式看涨期权或看跌期权的 Vega 均由以下公式给出。

$$V=S_0\sqrt{T}N'(d_1) \tag{8-16}$$

其中：

$$d_1=\frac{(S_0/K)+(r+\sigma^2/2)T}{\sigma\sqrt{T}}$$

$$N'(x)=\frac{1}{\sqrt{2\pi}}e^{-x^2/2}$$

为了便于建模，将式子进行整理以后得到：

$$V=\frac{S_0\sqrt{T}e^{-d_1^2/2}}{\sqrt{2\pi}}$$

因此，当波动率增加 1%(比如从 10%增加至 11%)时，期权价值会相应增长大约 $0.01V$。下面通过 Python 自定义计算期权 Vega 值的函数，具体代码如下：

```
In[42]: def vega_option(s,K,sigma,r,T):
   ...:     '''计算欧式期权的 Vega 值
   ...:     S:代表期权基础资产的价格；
   ...:     K:代表期权的执行价格；
   ...:     sigma:代表基础资产价格百分比变化的波动率；
   ...:     r:代表无风险收益率；
   ...:     T:代表期权合约的剩余期限。'''
```

```
...:      import numpy as np
...:      d1 - (np.log(S/K) + (r + pow(sigma,2)/2) * T)/(sigma * np.sqrt(T))
...:      return S * np.sqrt(T) * np.exp( - pow(d1,2)/2) /np.sqrt(2 * np.pi)
```

沿用前面工商银行股票期权信息，假定股票的当前价格是 5.8 元，其他的参数均不变，运用前面 Python 定义的计算期权 Vega 值的函数 vega_option，求解该股票期权的 Vega 值以及当波动率增加 1%时期权价格的变动情况，具体的代码如下：

```
In[43]:vega = vega_option(S = 5.8,K = 6,sigma = 0.24,r = 0.04,T = 0.5)
   ...:print('计算得到期权的 Vega 值：',round(vega,4))
   ...:print('波动率增加 1 % 期权价格的变动:',round(vega * 0.01,4))
计算得到期权的 Vega 值:1.6361
波动率增加 1 % 时期权价格的变动:0.0164
```

从以上的计算结果可以得到，当波动率增加 1%时(即由 24%增加到 25%)，期权价格会相应增加 0.0164 元。

(二)基础资产价格与期权 Vega 的关系

沿用前面工商银行股票期权信息，对基础资产价格设定一个取值在区间[3.0,10.0]的等差数列，并运用 Python 将期权的基础资产价格(股票价格)与期权 Vega 值之间的对应关系可视化(图 8-15)，具体的代码如下：

```
In[44]: s_list = np.linspace(3.0,10.0,100)                    # 生成股票价格的数组
   ...:vega_list = vega_option(S = S_list,K = 6,sigma = 0.24,r = 0.04,T = 0.5)
In[45]: plt.figure(figsize = (8,6))
   ...:plt.plot(S_list,vega_list,'b - ',1w = 2.5)
   ...:plt.xlabel(u'股票价格',fontsize = 13)
   ...:plt.ylabel(u'Vega',fontsize = 13,rotation = 0)
   ...:plt.xticks(fontsize = 13)
   ...:plt.yticks(fontsize = 13)
   ...:plt.title(u'股票价格与期权 Vega 的关系',fontsize = 13)
   ...:plt.grid('True')
   ...:plt.show()
```

图 8-15 描述了基础资产(股票)价格与期权 Vega 值之间的关系，很类似于正态分布。当基础资产价格从 0 到接近于执行价格的区间内，期权的 Vega 是基础资产价格的递增函数；当股票价格接近于执行价格时，期权 Vega 达到最大；而当基础资产价格处于大于期权执行价格的区间时，期权的 Vega 则是基础资产价格的递减函数。

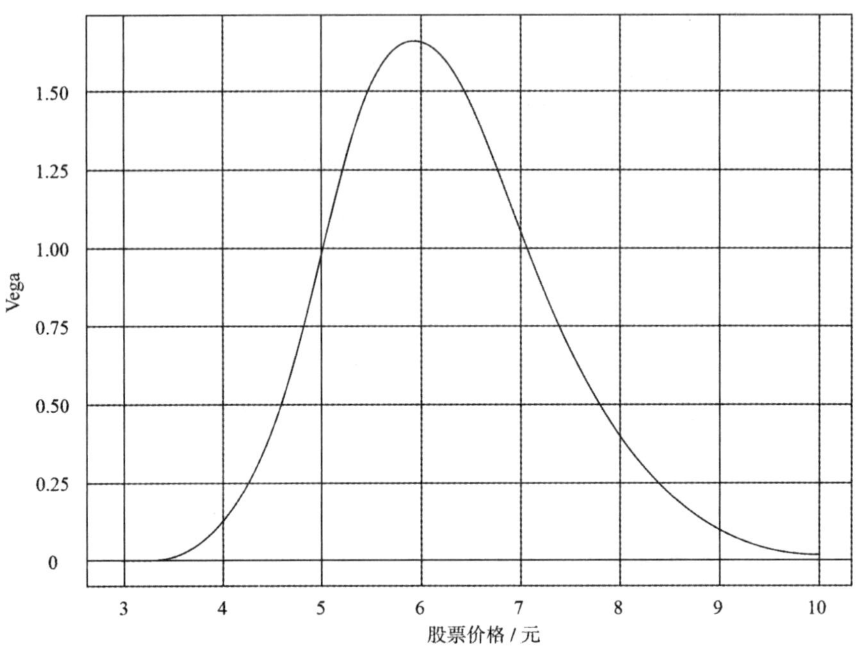

图 8-15 基础资产(股票)价格与期权 Vega 的关系图

(三)期权期限与期权 Vega 的关系

沿用前面工商银行股票期权信息，对期权的期限设定一个取值在区间[0.1,5.0]的等差数列，同时将期权分为实值期权、平价期权和虚值期权这三类，运用 Python 将看涨期权期限与期权 Vega 值之间的对应关系可视化(图 8-16)，具体的代码如下：

```
In[46]:T_list = np.linspace(0.1,5.0,100)                    # 生成期权期限的数组
   ...:vega1 = vega_option(S = 8,K = 6,sigma = 0.24,r = 0.04,T = T_list)
                                                              # 实值看涨期权的 Vega
   ...:vega2 = vega_option(S = 6,K = 6,sigma = 0.24,r = 0.04,T = T_list)
                                                              # 平价看涨期权的 Vega
   ...:vega3 = vega_option(S = 4,K = 6,sigma = 0.24,r = 0.04,T = T_list)
                                                              # 虚看涨期权的 Vega
In[47]: plt.figure(figsize = (8,6))
   ...:plt.plot(T_list,vegal,'b - ',label = u'实值看涨期权',1w = 2.5)
   ...:plt.plot(T_list,vega2,'r - ',label = u'平价看涨期权',1w = 2.5)
   ...:plt.plot(T_list,vega3,'g - ' ,label = u'虚值看涨期权',1w = 2.5)
   ...:plt.xlabel(u'期权期限',fontsize = 13)
   ...:plt.ylabel('Vega' ,fontsize = 13,rotation = 0)
   ...:plt.xticks(fontsize = 13)
```

```
…:plt.yticks(fontsize=13)
…:plt.title(u'期权期限与期权 Vega 的关系',fontsize=13)
…:plt.legend(fontsize=13)
…:plt.grid('True')
…:plt.show()
```

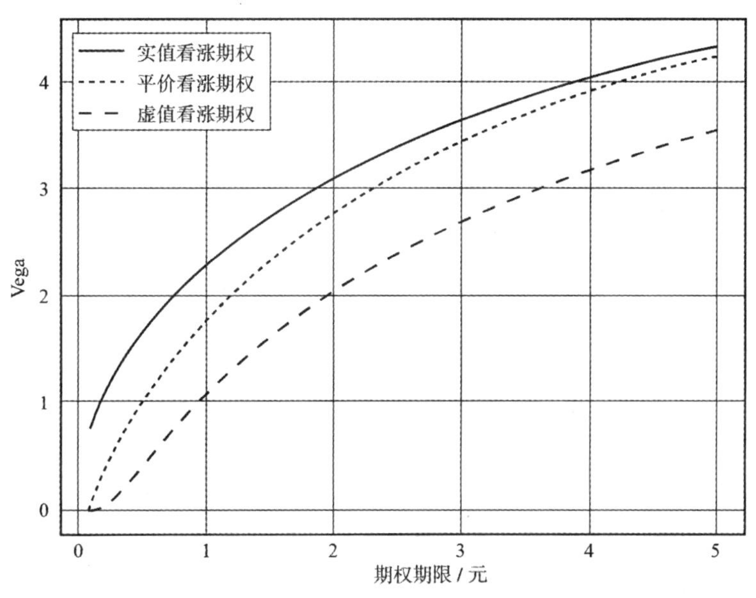

图 8-16　期权期限与期权 Vega 的关系图

图 8-16 中的三条曲线从上往下依次是实值看涨期权、平价看涨期权以及虚值看涨期权。从图中不难发现，无论是实值、虚值还是平价期权，Vega 值都是期权期限的递增函数，因此，当波动率发生变化时，期限较长的期权价格的变化要比期限较短期权的价格变化更大。需要注意的是，在本例中，在相同期限的条件下，平价看涨期权的 Vega 值要高于虚值看涨期权，而实值看涨期权的 Vega 值则又大于虚值看涨期权，但是这种关系并非一直成立，会随着期权实值和虚值程度的变化而发生改变。

五、期权的 Rho

期权的 Rho 表示期权价值变化与无风险收益率变化的比率，即：

$$\text{Rho}=\frac{\partial \Pi}{\partial r} \tag{8-17}$$

式中，Π 表示期权的价格；r 表示无风险收益率。

希腊字母 Rho 用于衡量当其他变量保持不变时，期权价值对于无风险收益率变化的敏感性，具体是指，当无风险收益率变化 1%（比如从 3% 上升至 4%），导致期权价值变化 0.01Rho。

(一)数学表达式

对于一个欧式看涨期权，期权 Rho 由以下的公式给出：

$$\mathrm{Rho}=KTe^{-rT}N(d_2)\geqslant 0 \tag{8-18}$$

其中，

$$d_2=\frac{(S_0/K)+(r-\sigma^2/2)T}{\sigma\sqrt{T}}$$

对于一个欧式看跌期权，Rho 则由以下的公式所给出：

$$\mathrm{Rho}=-KTe^{-rT}N(-d_2)\leqslant 0 \tag{8-19}$$

从以上的式子可以看到，看涨期权的 Rho 是非负数，相比之下，看跌期权的 Rho 则是非正数。

下面，通过 Python 构建计算欧式期权 Rho 值的函数，具体的代码如下：

```
In[48]: def rho_option(s,K,sigma,r,T,optype):
   ...:     '''计算欧式期权的 Rho 值
   ...:     S:代表期权基础资产的价格;
   ...:     K:代表期权的执行价格;
   ...:     sigma:代表基础资产价格百分比变化的波动率;
   ...:     r:代表无风险收益率;
   ...:     T:代表期权合约的剩余期限;
   ...:     optype:代表期权的类型,输入'call'表示看涨期权,输入'put'表示看跌期权。'''
   ...:     import numpy as np
   ...:     from scipy. stats import norm
                                    #从 SciPy 的子模块 stats 中导入 norm 函数
   ...:     d1 = (np. log(S/ K) + (r + pow(sigma,2)/ 2) * T)/(sigma * np. sqrt(T))
   ...:     d2 = d1 - sigma * np. sqrt(T)
   ...:     if optype = = 'call':
   ...:         rho = K * T * np. exp( - r * T) * norm. cdf(d2)
   ...:     else:
   ...:         rho = - K * T *  np. exp( - r * T) * norm. caf( - d2)
   ...:     return rho
```

沿用前面工商银行股票期权信息，假定工商银行股票的当前价格是 5 元/股，其他的参数均不变，运用前面 Python 定义的计算期权 Rho 的函数 rho_option，分别求出看涨、看跌期权的 Rho 值，具体的代码如下：

```
In[49]: rho_call = rho_option(S = 5,K = 6,sigma = 0.24,r = 0.04,T = 0.5,optype = '
call')
    ...:rho_put = rho_option(S = 5,K = 6,sigma = 0.24,r = 0.04,T = 0.5,optype = '
put')
    ...:print('计算得到的看涨期权的 Rho 值:',round(rho_call,4))
    ...:print('计算得到的看跌期权的 Rho 值:',round(rho_put,4))
    ...:print('当无风险利率增加 1% 时看涨期权价值的变化:',round(rho_call *
0.01,4))
    ...:print('当 无风险利率增加 1% 时看跌期权价值的变化:',round(rho_put *
0.01,4))
计算得到的看涨期权的 Rho 值:0.4377
计算得到的看跌期权的 Rho 值:-2.5029
当无风险利率增加 1% 时看涨期权价值的变化: 0.0044
当无风险利率增加 1% 时看跌期权价值的变化: -0.025
```

从以上的计算结果可以得到,当无风险收益率增加 1%时(即由 4%增长到 5%),看涨期权价格会相应增加 0.0044 元,而看跌期权的价格则下降 0.025 元。

(二)基础资产价格与期权 Rho 的关系

沿用前面工商银行股票期权信息,对基础资产价格设定一个取值在区间[3.0,10.0]的等差数列,并运用 Python 将期权的基础资产价格(股票价格)与期权 Rho 值之间的对应关系可视化(图 8-17),具体的代码如下:

```
In[50]: S_list = np.linspace(3.0,10.0,100)                    #生成股票价格的数组
    ...:rho_clist = rho_option(S = S_list,K = 6,sigma = 0.24ir = 0.04,T = 0.5,op-
type = 'call')
    ...:rho_plist = rho_option(S = S_list,K = 6,sigma = 0.24,r = 0.04,T = 0.5,op-
type =  'put')
In[51]: plt.figure(figsize = (8,6))
    ...:plt.plot(S_list,rho_clist,'b-',label = u'看涨期权' ,lw = 2.5)
    ...:plt.plot(s_list,rho_plist,'r-' ,label = u'看跌期权',lw = 2.5)
    ...:plt.xlabel(u'股票价格',fontsize = 13)
    ...:plt.ylabel('Rho',fontsize = 13,rotation = 0)
    ...:plt.xticks(fontsize = 13)
    ...:plt.yticks(fontsize = 13)
    ...:plt.title(u'股票价格与期权 Rho 的关系',fontsize = 13)
    ...:plt.legend(fontsize = 13)
```

```
...:plt.grid('True')
...:plt.show()
```

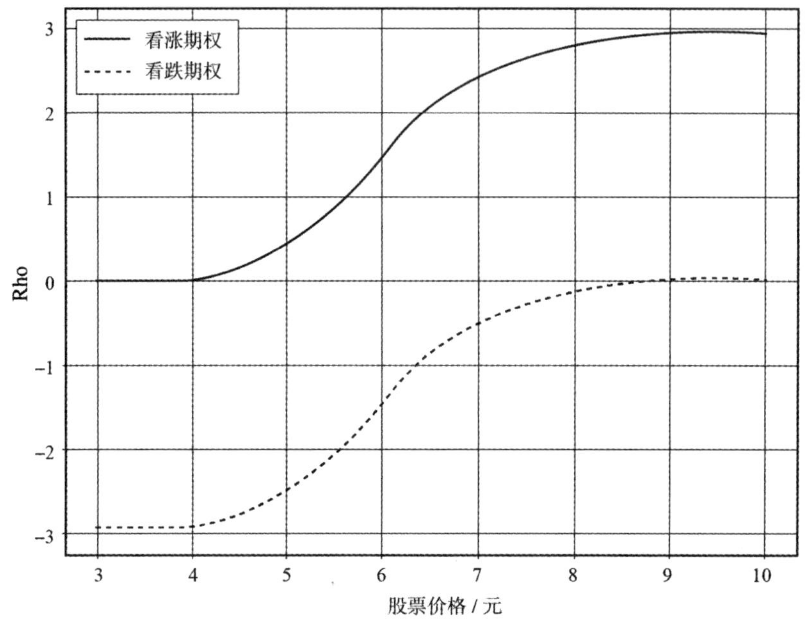

图 8-17　基础资产价格与期权 Rho 的关系图

从图 8-17 描述中可知，无论是看涨期权还是看跌期权，Rho 值都是基础资产价格的递增函数；同时，无论是看涨期权还是看跌期权，实值期权 Rho 的绝对值都是大于虚值期权 Rho 的绝对值。

(三)期权期限与期权 Rho 的关系

沿用前面工商银行股票期权信息，对期权的期限设定一个取值在区间[0.1,5.0]的等差数列，同时将期权分为实值期权、平价期权和虚值期权这 3 类，运用 Python 将看涨期权期限与期权 Rho 值之间的对应关系可视化(图 8-18)，具体的代码如下：

```
In[52]: T_list = np.linspace(0.1,5.0,100)                    # 生成期权期限的数组
   ...:rho1 = rho_option(S = 8 ,K = 6,sigma = 0.24,r = 0.04,T = T_list,optype = '
call')                                                         # 实值看涨期权的 Rho
   ...:rho2 = rho_option(S = 6,K = 6,sigma = 0.24,r = 0.04,T = T_list,optype = '
call')                                                         # 平价看涨期权的 Rho
   ...:rho3 = rho_opt ion(S = 4,K = 6,sigma = 0.24,r = 0.04,T = T_list,optype = '
call')                                                         # 虚值看涨期权的 Rho
In[53]: plt.figure(figsize = (8,6))
   ...:plt.plot(T_list,rhol,'b - ',1abel = u'实值看涨期权',1w = 2.5)
```

```
…:plt.plot(T_list,rho2,'r-',label=u'平价看涨期权',lw=2.5)
…:plt.plot(T_list,rho3,'g-',label=u'虚值看涨期权',lw=2.5)
…:plt.xlabel(u'期权期限',fontsize=13)
…:plt. ylabel('rho',fontsize=13,rotation=0)
…:plt.xticks(fontsize=13)
…:plt.yticks(fontsize=13)
…:plt.title(u'期权期限与期权rho的关系',fontsize=13)
…:plt. legend(fontsize=13)
…:plt.grid('True')
…:plt.show()
```

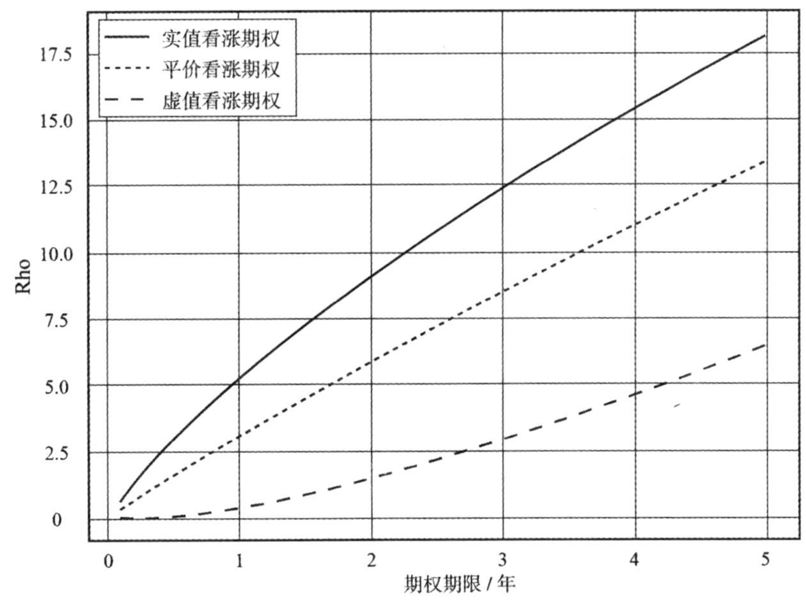

图 8-18 期权期限与期权 *Rho* 的关系图

图 8-18 显示了实值看涨期权、平价看涨期权、虚值看涨期权的 Rho 值随期权期限变化的规律。图中有三条曲线，从上往下依次是实值、平价和虚值看涨期权。从图 7-18 中可以得到两个结论：一是看涨期权 Rho 值都是期权期限的递增函数，越接近到期日，Rho 值越小，相反则越大；二是在相同期限的条件下，实值看涨期权 Rho 值大于平价看涨期权，平价看涨期权的 Rho 值又高于虚值看涨期权。

第六节 期权的隐含波动率

在布莱克—斯科尔斯—默顿模型中，可以直接观察到基础资产的当前价格 S_0、期权的执

行价格 K、期权合约期限 T 以及无风险收益率 r，唯一不能直接观察到的变量就是基础资产的波动率 σ。当然，可以通过基础资产的历史价格来估计波动率。

一、运用牛顿迭代法计算隐含波动率

牛顿迭代法，也称为牛顿一拉弗森方法，在利用该方法计算期权的隐含波动率时，需要做好以下 3 个方面的工作：一是需要输入一个初始的隐含波动率；二是建立一种迭代关系式，如果由初始的隐含波动率得到的期权价格高于市场价格，则需要减去一个标量(比如 0.0001)，相反，则加上一个标量；三是需要对迭代过程进行控制，也就是针对隐含波动率得到的期权价格与期权的市场价格之间的差额设置一个可接受的临界值。

下面，就利用牛顿迭代法并运用 Python 自定义分别计算欧式看涨、看跌期权隐含波动率的函数，具体代码如下：

```
In[54]: def impvol_call_Newton(C,S,K,r,T):
   ...:     '''运用布莱克-斯科尔斯-默顿定价模型计算看涨期权的隐含波动率
   ...:       并且使用的方法是牛顿迭代法
   ...:     C:代表看涨期权的市场价格;
   ...:     S:代表期权基础资产的价格;
   ...:     K:代表期权的执行价格;
   ...:     r:代表无风险收益率;
   ...:     T:代表期权合约的剩余期限。'''
   ...:     def call_BS(S,K,sigma,r,T):
   ...:         import numpy as np
   ...:         from scipy.stats import norm
                                              #从 SciPy 子模块 stats 中导入 norm 函数
   ...:         d1 = (np.log(S/ K) + (r + pow(sigma,2)/ 2) * T)/(sigma * np.sqrt
(T))
   ...:         d2 = d1 - sigma * np.sqrt(T)
   ...:         return S * norm.cdf(d1) - K * np.exp( - r * T) * norm.cdf(d2)
   ...:     sigma0 = 0.2                                  #设置一个初始的波动率
   ...:     diff = C - call_BS(S,K,sigmao,r,T)
   ...:     i = 0.0001                                    #设置一个标量
   ...:     while abs(diff)>0.0001:                       #运用 while 语句
   ...:         diff = c - call_BS(S,K,sigma0,r,T)
   ...:         if diff>0:
   ...:             sigma0 + = i
   ...:         else:
```

```
...:                sigma0 - = i
...:        return sigma0
In[55]: def impvol_put_Newton(P,S,K,r,T):
...:        '''运用布莱克-斯科尔斯-默顿定价模型计算看跌期权的隐含波动率
...:          并且使用的方法是牛顿迭代法
...:        P:看跌期权的市场价格;
...:        S:代表期权基础资产的价格;
...:        K:代表期权的执行价格;
...:        r:代表无风险收益率;
...:        T:代表期权合约的剩余期限。'''
...:        def put_BS(S,K,sigma,r,T):
...:            import numpy as np
...:            from scipy. stats import norm
...:            d1 = (np. log(S/K) + (r + pow(sigma,2)/2) * T)/(sigma * np. sqrt
(T))
...:            d2 = d1 - sigma * np. sqrt(T)
...:            return K * np. exp( - r * T)  * norm. cdf( - d2) - S * norm. caf( - d1)
...:        sigma0 = 0. 2
...:        diff - P - put_BS(S,K,sigma0,r,T)
...:        i = 0. 0001
...:        while abs(diff)>0. 0001:
...:            diff = P - put_BS(S,K,sigma0,r,T)
...:            if diff>0:
...:                sigma0 + = i
...:            else:
...:                sigma0 - = i
...:        return sigma0
```

依然沿用前面工商银行股票期权作为分析对象，同时假定看涨期权的市场价格为0.1566元，看跌期权的市场价格是0.1503元，其他的参数均不变，通过前面Python定义的运用牛顿迭代法计算隐含波动率的函数 impvol_call_LNewton 和 impvol_put_Newton，求解期权的隐含波动率，具体的代码如下：

```
In[56]: imp_voll = impvol_call_Newton(C = 0. 1566, S = 5. 29,K = 6,r = 0. 04,T = 0. 5)
   ...: imp_vol2 = impvol_put_Newton(P = 0. 7503,S = 5. 29,K = 6,r = 0. 04,T = 0. 5)
   ...:print('用牛顿迭代法计算得到看涨期权隐含波动率:', round(imp_vol1,4))
   ...:print('用牛顿迭代法计算得到看跌期权隐含波动率:' round(imp_vol2,4))
```

用牛顿迭代法计算得到看涨期权隐含波动率：0.2427

用牛顿迭代法计算得到看跌期权隐含波动率：0.2445

通过以上的计算结果可以得到，看涨期权的隐含波动率是 24.27%，看跌期权的隐含波动率是 24.45%。

需要注意的是，由于计算的步骤比较多，因此牛顿迭代法的效率往往是比较低的，如果将结果的精确度进一步提高，则需要花费比较长的时间进行运算。

二、运用二分查找法计算隐含波动率

为了提高运算速度，可以采用二分查找法（也称"折半查找法"）作为迭代的方法，通过举一个简单的例子就能够很好地理解这种方法。假定初始猜测的波动率是 20%，对应该波动率数值估计得到的欧式看涨期权价格是 0.103 5 元，显然，比市场价格 0.156 6 元更小。由于期权价格是波动率的递增函数，因此合理地估计正确的波动率应该会比 20% 更大。然后假定波动率是 30%，对应的期权价格 0.233 6 元，这个结果又比 0.156 6 元高，则可以肯定波动率是介于 20%～30% 的区间中。接下来，取上两次波动率数值的均值，也就是波动率 25%，对应的期权价格为 0.166 2 元，这个值又比 0.156 6 元高，但是合理的波动率所处的区间范围收窄至 20% 与 25% 之间，然后取均值 22.5% 继续计算，每次迭代都使波动率所处的区间减半，最终就可以计算出满足较高精确度的隐含波动率近似值。

下面，就利用二分查找法并运用 Python 构建分别计算欧式看涨、看跌期权隐含波动率的自定义函数，具体的代码如下：

```
In[57]:def impvol_call_Binary(C,S,K,r,T):
   ...:     '''运用布莱克-斯科尔斯-默顿定价模型计算看涨期权的隐含波动率
                并且使用的迭代方法是二分查找法
   ...:     C:代表看涨期权的市场价格;
   ...:     S:代表期权基础资产的价格;
   ...:     K:代表期权的执行价格;
   ...:     C:代表无风险收益率;
   ...:     T:代表期权合约的剩余期限。'''
   ...:     def (call BS(S,K, sigma,r,T) :
   ...:          import numpy as np
   ...:          from scipy . stats import norm
                                        #从 SciPy 的子模块 stats 中导入 norm 函数
   ...:          d1 = (np.log(S/ K) + (r + pow(sigma,2)/ 2) * T)/(sigma *
np.sqrt(T))
   ...:          d2 = d1 - sigma * np.sqrt(T)
```

```
...:            return S * norm.cdf(d1) - K * np.exp( - r * T) * norm. cdf(d2)
...:        sigma_min = 0.001 # 设定波动率的初始最小值
...:        sigma_max = 1.000 # 设定波动率的初始最大值
...:        sigma_mid = (sigma_min + sigma_max) / 2
...:        call_min = call_BS(S,K, sigma_min,r,T)
...:        call_max = call_BS(S, K, sigma_max,r, T)
...:        call_mid = call_BS(S,K, sigma_mid,r,T)
...:        diff = C - call_mid
...:        if C<call_min or C>call_max:
...:            print("Error")
...:        while abs(diff)>1e - 6:
...:            diff = C - call_BS(S,K,sigma_mid,r,T)
...:            sigma_mid = (sigma_min + sigma _max) / 2
...:            call_mid = call_BS(S,K,sigma_mid,r,T)
...:            if C>call_mid:
...:                sigma_min = sigma_mid
...:            else:
...:                sigma_max = sigma_mid
...:        return sigma_mid
In[58 ]:def impvol_put_Binary(P,S,K,r,T) :
...:        ''' 运用布莱克-斯科尔斯-默顿定价模型计算看跌期权的隐含波动率
                并且使用的迭代方法是二分查找法
...:        P:代表看跌期权的市场价格;
...:        S:代表期权基础资产的价格;
...:        K:代表期权的执行价格;
...:        r:代表无风险收益率;
...:        T:代表期权合约的剩余期限。'''
...:        def put_BS(S,K,sigma,r,T) :
...:            import numpy as np
...:            from scipy. stats import norm
                                          # 从 SciPy 的子模块 stats 中导入 norm 函数
...:            d1 = (np. log(S/ K) + (r + pow(sigma,2)/ 2) * T)/(sigma * np. sqrt(T))
...:            d2 = d1 - sigma * np. sqrt(T)
...:            return K * np. exp( - r * T) * norm. cdf( - d2) - S * norm. cdf( - d1)
...:        sigma_min = 0.001
```

```
   ...:     sigma_max = 1.000
   ...:     sigma_mid = (sigma_min + sigma_max) / 2
   ...:     put_min = put_BS(S,K,sigma_min,r,T)
   ...:     put_max = put_BS(S,K,sigma_max,r,T)
   ...:     put_mid = put_BS(S,K,sigma_mid,r,T)
   ...:     diff = P - put_mid
   ...:     if P<put_min or P>put_max:
   ...:         print('Error')
   ...:     while abs(diff)>1e-6:
   ...:         diff = P - put_BS(S,K,sigma_mid,r,T)
   ...:         sigma_mid = (sigma_min + sigma_max)/2
   ...:         put_mid = put_BS(S,K,sigma_mid,r,T)
   ...:         if P>put mid:
   ...:             sigma_min = sigma_mid
   ...:         else:
   ...:             sigma_max = sigma_mid
   ...:     return sigma_mid
```

沿用前面的信息，依然是假定看涨期权的市场价格为 0.1566 元，看跌期权的市场价格是 0.7503 元，通过前面 Python 定义的运用二分查找法计算隐含波动率的函数 impvol_call_Binary 和 impvol_put_Binary，分别求出看涨、看跌期权的隐含波动率，具体的代码如下：

```
In[59]:imp_vol3 = impvol_call_Binary(C = 0.1566,S = 5.29,K = 6,r = 0.04,T = 0.5)
   ...:imp_vol4 = impvol_put_Binary(P = 0.7503, S = 5.29,K = 6,r = 0.04,T = 0.5)
   ...:print('用二分查找法计算得到看涨期权隐含波动率:',round(imp_vol3, 4))
   ...:print('用二分查找法计算得到看跌期权隐含波动率:',round(imp_vol4,4))
用二分查找法计算得到看涨期权隐含波动率:0.2427
用二分查找法计算得到看跌期权隐含波动率:0.2446
```

显然，通过用二分查找法计算得到的期权隐含波动率与运用牛顿迭代法得出的结果是一致的，但是运算效率会更高。

此外，隐含波动率也正在被制作成指数。比如，芝加哥期权交易所(CBOE)于 1993 年对外发布了隐含波动率的指数 VIX，VIX 也被称作“恐惧指数”。此后，德国、法国、英国、瑞士、韩国等国家及我国的香港、台湾地区也相继推出了波动率指数。

国际经验表明，波动率指数能够前瞻性地反映市场情绪与风险。例如，在 2008 年国际金融危机中，波动率指数及时准确地为全球各家金融监管机构提供了掌握市场压力、监控市

场情绪的指标，有效提升了监管能力与决策水平。

2015 年 6 月 26 日，上海证券交易(简称“上证”)所发布了首只基于真实期权交易数据编制的波动率指数——中国波指(iVIX)。中国波指是用于衡量上证 50ETF 基金未来 30 日的预期波动，它的推出一方面为市场提供了高效灵敏的风险监测指标，便于市场实时衡量市场风险，增强技术分析手段，提升策略交易能力；另一方面也对进一步丰富上海证券交易所的衍生产品种类、实现衍生品发展战略产生了积极意义。

第七节　波动率微笑与斜偏

有人或许会问，在现实的期权交易中交易员和分析师会采用布莱克－斯科尔斯－默顿模型对期权进行定价吗？答案是会将该模型的定价结果作为参考，但真实运用的定价模型将会考虑到允许波动率依赖于期权执行价格的变化而变化这一因素。本节就讨论两个非常重要的概念——波动率微笑与波动率斜偏。

一、波动率微笑

波动率微笑是一种描述期权隐含波动率与执行价格函数关系的图形，具体是指相同的到期日和基础资产、但不同执行价格的期权，当执行价格偏离基础资产现货价格越远时，期权的隐含波动率就越大，类似于微笑曲线。下面，以上证 50ETF 期权为例来描述波动率微笑曲线。

以 2018 年 6 月 27 日到期的、不同执行价格的上证 50ETF 期权合约在 2017 年 12 月 29 日(2017 年最后一个交易日)的收盘价数据作为分析对象，一共有 7 只看涨期权和 7 只看跌期权；当天的上证 50ETF 基金净值等于 2.859 元，无风险利率是运用 6 个月期 Shibor 利率，当天的利率是 4.882 3%。通过 Python 定义的运用牛顿迭代法计算看涨、看跌期权隐含波动率的函数 impvol_call_Newton 和 impvol_put_Newton 求出期权的隐含波动率，并且进行可视化，具体过程分为 4 个步骤。

第 1 步：在 Python 中输入相关的变量，具体的代码如下：

```
In[60]:import datetime as dt                                    #导入 datetime 模块
In[61 ]:T1 = dt.datetime(2017,12,29)                            #计算隐含波动率的日期
    ...:T2 = dt.datetime(2018,6,27)                             #期权到期日
    ...:T_delta = (T2 - T1).days/ 365                           #期权的剩余期限
    ...:S0 = 2.859                                              #50ETF 基金净值
    ...:Call_list = np.array([0.2841,0.2486,0.2139,0.1846,0.1586,0.1369,
0.1177])                                                        #输入 50ETF 认购期权收盘价格
```

```
    ...:Put_list = np.array([0.0464,0.0589,0.0750,0.0947,0.1183,0.1441,0.1756])
                                                # 输入 50ETF 认沽期权收盘价格
    ...:K_list = np.array([2.7,2.75,2.8,2.85,2.9,2.95,3.0])
                                                # 输入期权执行价格
    ...:shibor = 0.048823                       #6 个月期的 SHIBOR 利率
```

第 2 步:计算上证 50ETF 认购期权(看涨期权)的隐含波动率,并且需要运用 for 语句,具体的代码如下:

```
In[62]:sigma_clist = np. zeros_like(Call_list)
                                                # 构建存放隐含波动率的初始数组
    ...:for i in np. arange(len(Call_list)):
    ...:sigma_clist [i] = impvol_call_Newton(C = Call_list[i],S = S0,K = K_list
[i],r = shibor,T = T_delta)
    ...:print('通过看涨期权计算得到的隐含波动率:',sigma_clist)
通过看涨期权计算得到的隐含波动率:[0.1901   0.1869   0.1819   0.181   0.181
0.1831   0.1851]
```

第 3 步:计算上证 50ETF 认购期权(看跌)的隐含波动率,同样需要运用 for 语句,具体的代码如下:

```
In[63]:sigma_plist = np.zeros_like(Put_list)  # 构建存放隐含波动率的初始数组
    ...:for i in np.arange(len(Put_list)):
    ...:sigma_plist[i] = impvol_put_Newton(P = Put_list[i],S = S0,K = K_list
[i],r = shibor,T = Tdelta)
    ...:print('通过看跌期权计算得到的隐含波动率:',sigma_plist)
通过看跌期权计算得到的隐含波动率:[0.1669   0.1645   0.1637   0.164   0.1655
0.1661   0.1703]
```

第 4 步:将期权执行价格与隐含波动率的关系可视化,也就是绘制出波动率微笑曲线(图 8—19),具体的代码如下:

```
In[64]:plt. figure(figsize = (8,6))
    ...:plt. plot(K_list,sigma_clist,'b-',label = u'50EFT 认购期权(看涨)',lw =
2.5)
    ...:plt. plot(K_list,sigma_plist,'r-',label = u'50EFT 认沽期权(看跌)',lw =
2.5)
    ...:plt. xlabel(u '期权的执行价格',fontsize = 13)
    ...:plt. ylabel(u '隐含波动率',fontsize = 13,rotation = 0)
    ...:plt. xticks(fontsize = 13)
```

```
…:plt.yticks(fontsize = 13)
…:plt.title(u '期权执行价格与期权隐含波动率的关系',fontsize = 13)
…:plt.legend(fontsize = 13)
…:plt.grid('True')
…:plt.show()
```

图 8-19 描述了 2017 年 12 月 29 日上证 50ETF 认购期权、认购期权的隐含波动率与执行价格之间的关系，图中上方的曲线代表上证 50ETF 认购期权（看涨），下方的曲线代表上证 50ETF 认购期权（看跌）。从图 8-19 中不难发现，无论是看涨期权还是看跌期权，当期权执行价格越接近于基础资产价格（2.859 元）时，期权的隐含波动率基本上就越低；越远离基础资产价格时，则隐含波动率越高，因此存在着比较明显的波动率微笑特征。

对于为什么会产生波动率微笑，存在着较多的理论研究，并且基于不同的研究视角给出了各种不同的解释，大体可以分为两类：第 1 类是从布莱克—斯科尔斯—默顿模型固有的缺陷进行解释；第 2 类是从市场交易机制层面进行解释。

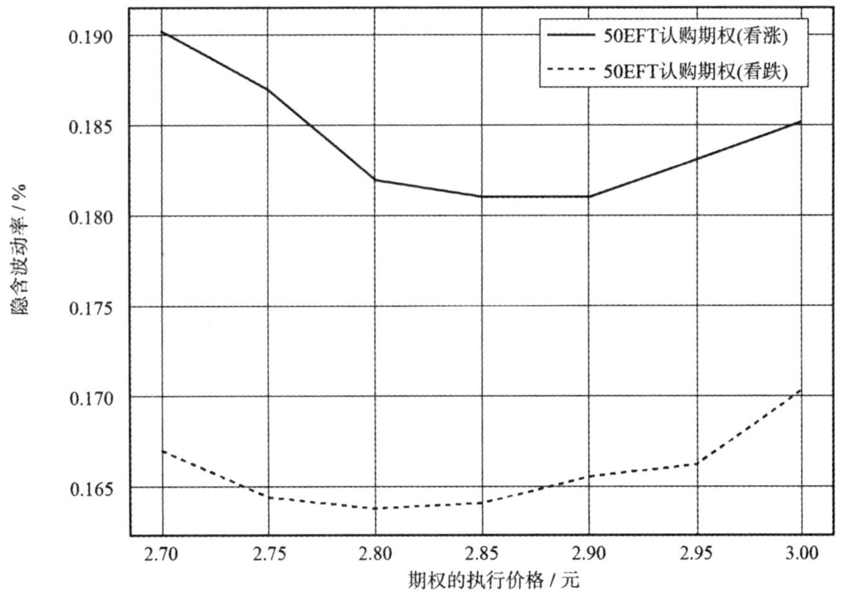

图 8-19 上证 50ETF 期权波动率微笑曲线（2017 年 12 月 29 日）

二、波动率斜偏

然而，在大多数交易日，股票期权的波动率曲线不是微笑的，而是表现为波动率偏斜。波动率偏斜可以分为广义和狭义两种，广义的波动率偏斜就泛指不满足微笑形状的各种波动率曲线；狭义波动率偏斜则是指当期权的执行价格由小变大时，期权的隐含波动率则是由大变小，即隐含波动率是执行价格的递减函数。下面，依然以上证 50ETF 期权为例描述狭义的波动率斜偏。

以 2019 年 6 月 26 日到期的、不同执行价格的上证 50ETF 期权合约在 2018 年 12 月 28 日(2018 年最后一个交易日)的收盘价数据作为分析对象，一共有 13 只看涨期权和 13 只看跌期权；当天的上证 50ETF 基金净值等于 2.289 元，无风险利率是运用 6 个月期的 Shibor 利率，当天该利率是 3.297%。通过 Python 定义的运用二分查找法计算看涨、看跌期权隐含波动率的函数 impvol_call_Binary 和 impvol_put_Binary，求出期权的隐含波动率并且进行可视化(图 8-20)，具体过程分为 4 个步骤。

第 1 步：在 Python 中输入相关变量，具体的代码如下：

```
In[65 ]:T1 = dt. datetime (2018,12,28)                          #计算隐含波动率的日期
    …:T2 = dt. datetime (2019, 6,26)                            #期权到期日
    …:T_ = delta = (T2 - T1) . days/ 365                        #期权的剩余期限
    …:S0 = 2. 289                                               # 50ETF 基金净值
    …:Call _ list = np. array ([ 0. 2866, 0. 2525, 0. 2189, 0. 1912, 0. 1645, 0. 1401,
0. 1191,0. 0996,0. 0834,0. 0690,0. 0566, 0. 0464,0. 0375])
                                                                #输入 50ETE 认购期权的收盘价格
    …:Put_ list = np. array(0. 0540,0. 0689,0. 0866,0. 1061,0. 1294,0. 1531,0. 1814,
0. 2122,0. 2447,0. 2759,0. 3162,0. 3562,0. 3899])               #输入 50ETF 认沽期权的收盘价格
    …:K_list = np. array([2. 1,2. 15,2. 2,2. 25,2. 3,2. 35,2. 4,2. 45,2. 5,2. 55,2. 6,
2. 65,2. 7])                                                    #输入期权执行价格
    …:shibor = 0. 03297                                         #6 个月期的 SHIBOR 利率
```

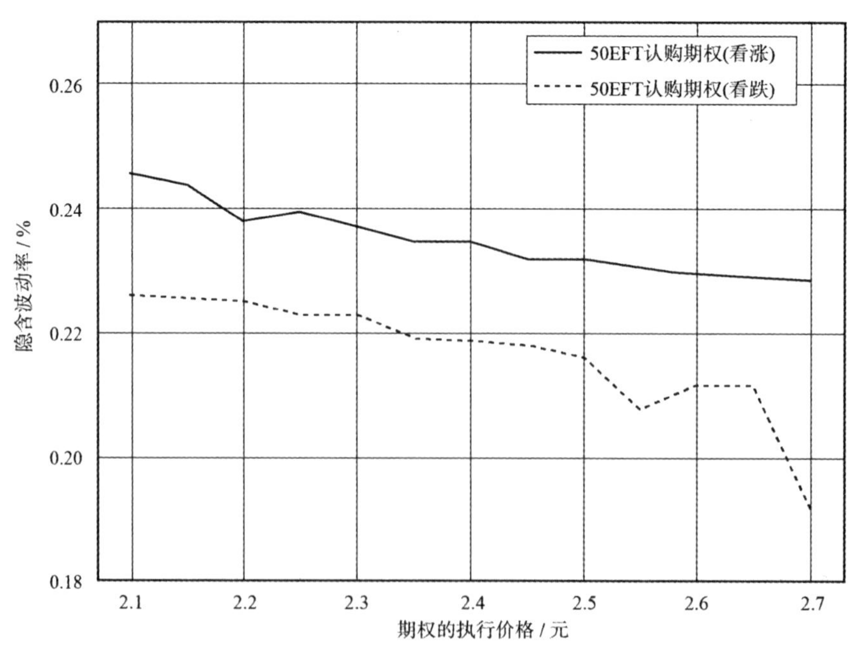

图 8-20　上证 50ETF 期权波动率斜偏曲线(2018 年 12 月 28 日)

第 2 步：计算上证 50ETF 认购期权(看涨期权)的隐含波动率，并且需要运用 for 语句，

具体的代码如下：

```
In[66]:sigma_clist = np.zeros_like(Call_list) #构建一个初始的隐含波动率数组
    ...:for i in np.arange(len(Call_list)):
    ...:sigma_clist[i] = impvol_call_Binary(C = Call_list[i],S = S0,K = Klist
[i],r = shibor,T = T_delta)
    ...:print('通过看涨期权计算得到的隐含波动率:',sigma_clist)
通过看涨期权计算得到的隐含波动率:[0.24552147   0.24344644   0.23827317
0.2390201   0.23724328   0.23512824   0.23443752   0.2322939   0.23175275
0.23061711   0.2294929   0.22910609   0.22808287]
```

第 3 步：计算上证 50ETF 认购期权(看跌期权)的隐含波动率，同样需要运用 for 语句，具体的代码如下：

```
In[67]:sigma_plist = np.zeros_like(Put_list)  #构建一个初始的隐含波动率数组
    ...:for i in np.arange(len(Put_list)):
    ...:sigma_plist[i] = impvol_put_Binary(P = Put_list[i],S = S0,K = K list
[i],r = shibor,T = T_delta)
    ...:print('通过看跌期权计算得到的隐含波动率:',sigmaplist)
通过看跌期权计算得到的隐含波动率:[0.22612027   0.22531808   0.22492365
0.22308109   0.22302202   0.21937691   0.21875002   0.21797641   0.21603191
0.20745647   0.21134929   0.2114255   0.19154413]
```

第 4 步：将期权执行价格与隐含波动率的关系可视化，也就是绘制出波动率斜偏曲线，具体的代码如下：

```
In[68]:plt.figure(figsize = (8,6))
    ...:plt.plot(K_list,sigma_clist,'b-',label = u'50EFT 认购期权(看涨)',lw =
2.5)
...:plt.plot(K_list,sigma_plist,'r-',label = u'50EFT 认沽期权(看跌)',lw = 2.5)
    ...:plt.xlabel(u '期权的执行价格',fontsize = 13)
    ...:plt.ylabel(u '隐含波动率',fontsize = 13,rotation = 0)
    ...:plt.ylim(0.18,0.27)
    ...:plt.xticks(fontsize = 13)
    ...:plt.yticks(fontsize = 13)
    ...:plt.title(u '期权执行价格与期权隐含波动率的关系',fontsize = 13)
    ...:plt.legend(fontsize = 13)
    ...:plt.grid('True')
    ...:plt.show()
```

图 8-20 描述了在 2018 年 12 月 28 日上证 50ETF 认购期权、认购期权的隐含波动率与执行价格之间的关系，图中的上方曲线代表认购期权（看涨）、下方曲线代表认购期权（看跌），不难发现，曲线存在着比较明显的狭义波动率斜偏特征。这张图还有另一个现实意义：对于执行价格较低的期权（通常是深度虚值看跌期权或深度实值看涨期权），隐含波动率较高；相比之下，对于执行价格较高的期权（通常是深度实值看跌期权或深度虚值看涨期权），隐含波动率较低。

第九章　运用 Python 测度风险价值

第一节　风险价值概述

风险价值的提出要归功于美国摩根大通银行。在 20 世纪 80 年代，该银行的董事会主席丹尼斯·韦瑟斯通对他每天收到的长篇累牍的风险报告表示十分不满，在报告中充斥着大量针对不同风险暴露的希腊字母，这些细节信息对于银行的管理层实在是因晦涩难懂而变得毫无价值。因此，韦瑟斯通要求银行的风险管理部门运用简洁的方法，有针对性地汇报银行整体资产在未来 24 小时内的风险敞口和暴露情况。经过不懈努力，在马科维茨投资组合理论的基础上，最终提出了衡量整体资产风险的全新理念与方法——风险价值，相关工作于 1990 年完成。风险价值的主要好处是让管理层能更好地了解银行承担的风险，并且可以利用风险价值比较合理地在银行内分配资本。此后，风险价值迅速被广大金融机构与监管机构所采用，成为现代风险管理的重要工具和手段。

一、风险价值的定义

如果一家金融机构的首席风险官向董事会汇报公司面临的风险时，用如下的表达方式描述风险：

"我们有 X 的把握认为在未来的 N 天内公司投资组合的损失不会超过 V。"

在以上的这段描述中，金额 V 就是投资组合的风险价值，X 的把握可以理解为统计学中的置信水平，注意 X 的单位是百分比(%)，N 天就是资产持有期。

因此，风险价值(VaR)是指在一定的持有期和给定的置信水平下，利率、汇率、股价等风险因子发生变化时可能对某个投资组合造成的潜在最大损失。举个简单的例子，假定持有期为 1 天、置信水平为 95%的情况下，计算得出的风险价值为 1 000 万元，则表明该投资组合在 1 天中的损失有 5%的可能性是不会超过 1 000 万元，在这个例子中，$N=1$、$X=95\%$、VaR=1 000 万元。

通过上面的介绍不难发现，VaR 的大小取决于两个重要的参数，一个是持有期(N 天)，另一个就是置信水平(X)。VaR 的金额就表明在未来的 N 天内，理论上应该只有($100\%-X$)的概率，投资组合的损失才会超出 VaR 的金额。根据统计学的定义，当持有期为 N 天、置信水平为 X 时，VaR 的金额就对应于在未来 W 天内投资组合盈亏分布中($100\%-X$)的分位数。需要注意的是，由于亏损对应于负的收益，因此在投资组合盈亏的分布中，VaR 是对应于分布左端的尾部。

风险价值的数学表达式就是

$$\mathrm{Prob}(\Delta P < -\mathrm{VaR}) = 1 - X \tag{9-1}$$

式中，Prob 代表一个概率函数；ΔP 代表投资组合在持有期内的损失金额；VaR 是置信水平条件下的风险价值。

此外，针对金融机构运用 VaR 计量风险和计算资本金时，各国监管机构都会明确规定持有期和置信水平，并且这些规定主要受到巴塞尔银行监管委员会(简称"巴塞尔委员会")的影响。巴塞尔委员会在 1996 年 BaselI 的修正案中明确规定银行交易账户的资本金需要通过 VaR 计算得出，其中在计算 VaR 的时候，明确规定持有期 $N=10$ 天，置信水平 $X=99\%$，这意味着在理论上只有 1%的可能性在未来 10 天内银行交易账户的损失会超出 VaR 的金额。

在实践中，风险管理者往往是先将持有期 N 设定为 $N=1$，这是由于当 $N=1$ 时，可能没有足够多的数据估计风险因子的变化。因此，在计算持有期 N 天 VaR 时，在相同置信水平下，一个较为常用的等式是：

$$N\text{天 VaR} = 1\text{天 VaR} \times \sqrt{N} \tag{9-2}$$

当投资组合价值在不同交易日之间的变化是相互独立并且服从期望值为 0 的相同正态分布时，以上这个等式才是成立的，对于其他情形，该等式仅仅只有一个近似。

二、运用 Python 对风险价值可视化

为了能够比较形象地展示风险价值，假定某个投资组合的盈亏是服从正态分布，并且置信水平设置为 95%，下面通过 Python 绘制风险价值的图形(图 9-1)，计算正态分布概率密度函数 norm. ppf 以及正态分布累计概率密度函数 norm. pdf，具体的 Python 代码如下：

```
In[1 ]:import numpy as np
    …:import pandas as pd
    …:import matplotlib. pyplot as plt
    …:from pylab import mpl
    …:mpl. rcParams['font. sans - serif'] = ['SimHei']
    …:mpl. rcParams['axes. unicode_minus'] = False
In[2]:importscipy. stats as st                    # 导入 SciPy 统计子模块 stats
In[3]:a = 0. 95                                    # 设置 95% 的置信水平
    …:z = st. norm. ppf(q = 1 - a)
    …:x = np.  linspace( - 4, 4,200)               # 投资组合盈亏的数组
y = st. norm. pdf(x)                              # 投资组合盈亏对应的概率密度数组
```

```
    …:x1 = np.linspace(-4,z, 100)
    …:y1 = st.norm.pdf(x1)
In[4]:plt.figure(figsize=(8,6))
    …:plt.plot(x,Y, 'r-', lw=2.0)
    …:plt.fill_between(x1,y1)                                  #绘制阴影部分
    …:plt.xlabel(u'投资组合盈亏', fontsize=13)
    …:plt.ylabel(u'盈亏的概率密度', fontsize=13, rotation=0)
    …:plt.xticks(fontsize=13)
    …:plt.yticks(fontsize=13)
    …:plt.ylim(0,0.45)
    …:plt.annotate('VaR', xy=(z,st.norm.pdf(z)),xytext=(-1.9,0.18),ar-
rowprops=dict(shrink=0.01), fontsize=13)
    …:plt.title(u'假定盈亏服从正态分布的风险价值(VaR)',fontsize=13)
    …:plt.grid('True')
    …:plt.show()
```

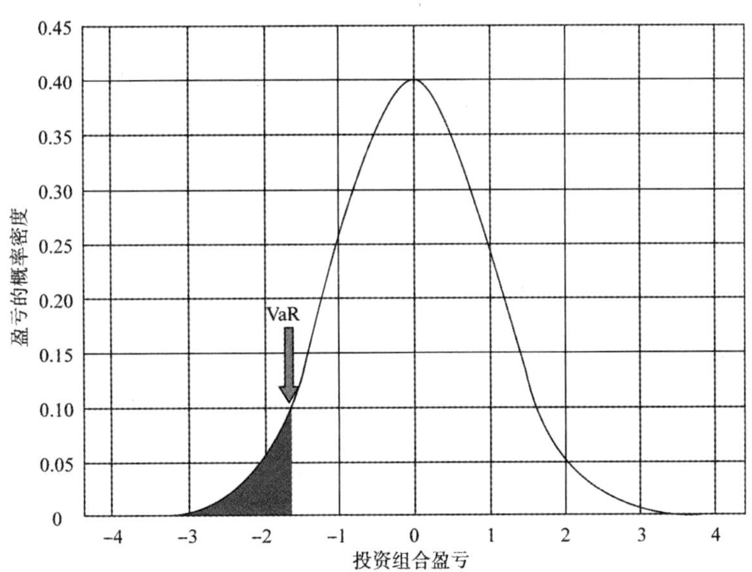

图 9-1 用 Python 绘制当投资组合盈亏服从正态分布条件下的风险价值

图 9-1 展示了当投资组合的盈亏是服从正态分布、置信水平是 95%的条件下，投资组合 VaR 的情况。图中的横坐标代表在 7 天以内投资组合盈亏金额，曲线下方阴影部分的面积就等于 100%$-X$(也就是概率 5%)，此外，阴影部分与非阴影部分之间的边界对应至 X 轴(即分位数)就是 VaR 的金额(取绝对值)。

三、风险价值的优点与局限性

（一）优点

根据前面的讨论可知，风险价值有以下三个显著的优点。

第一，结果的通俗化。风险价值可以用来简单明了表示风险的大小，即使是缺乏专业知识背景的使用者都可以通过风险价值对风险大小进行评判。

第二，评判的事前化。风险价值可以用于事前计算风险，而不像以往风险管理的方法都是在事后衡量风险大小。

第三，评价的组合化。利用风险价值不仅可以计算单个金融资产的风险，还能计算由多个金融资产组成的投资组合风险，这是传统金融风险管理工具很难做到的。

（二）局限性

尽管风险价值有其自身的优点，但在具体应用时需注意以下四个方面的局限性。

1. 数据问题

风险价值运用数理统计方法进行计量分析，利用模型进行分析和预测时要有足够的历史数据，如果数据量整体上不能满足风险计量的要求，则很难得到正确的结论。另外，数据的有效性也是一个重要问题，当金融市场发展得不成熟，特别是因市场炒作、消息面的引导等使得数据非正常变化较大，会导致一些数据不具有代表性，缺乏可信度。

2. 内在缺陷

风险价值在其原理和统计估计方法上存在一定的缺陷。因为利用风险价值对金融资产或投资组合的风险进行计算，是依据过去的资产或投资组合收益特征进行统计分析来预测收益的波动性和相关性，从而估计可能的最大损失。所以，单纯依据风险价值评估潜在损失，往往会只关注风险的统计特征，而忽略全部的系统风险。同时，毕竟概率不能反映出经济主体本身对于面临风险的意愿或偏好，不能决定经济主体在面临一定量的风险时愿意承受和应该规避的风险份额。

3. 前提假设

在应用风险价值时隐含了这样的一个前提假设，即金融资产组合的未来走势与过去相似，但金融市场的一些突发事件或者黑天鹅事件表明，有时未来的变化与过去并没有密切的联系，因此风险价值方法并不能全面地度量金融资产的风险，必须结合包括敏感性分析、压力测试等方法进行综合分析。

4. 用途局限

风险价值主要应用于正常市场条件下对风险的测度。一旦市场出现极端情况，历史数据变得稀少，资产价格的关联性被打破，或是金融市场不够规范，金融市场的风险来自人为因素、市场以外因素的情况下,风险价值就无法测量出真正的金融风险。

计算风险价值的方法主要有三大类:方差—协方差法、历史模拟法以及蒙特卡罗模拟法,下面就分节逐一介绍这3种方法。

第二节 风险价值的方差—协方差法

方差—协方差法,也称为德尔塔正态法、模型构建法和参数法等,是计算风险价值最简便的方法。

一、方差—协方差法的简介

(一)数学表达式

该方法有两个重要的假设条件:一是正态分布假设,也就是假定投资组合的各风险因子是服从联合正态分布;二是线性假定,在持有期内,投资组合的风险暴露与风险因子之间存在线性关系。基于以上两个假设,便可以推导出投资组合的盈亏服从正态分布。

运用方差—协方差法计算风险价值的数学表达式如下:

$$\mathrm{VaR}=V_P[Z_C\sigma_P-E(R_P)] \tag{9-3}$$

式中,VaR表示投资组合的风险价值(用正数表示);V_P表示投资组合的最新价值;$C=1-X$;Z_C表示标准正态分布条件下C的分位数(取正数),比如置信水平99%($C=1\%$)对应的$Z_C=2.33$,置信水平95%($C=5\%$)对应的$Z_C=1.64$;$E(R_P)$表示投资组合的期望收益率(通常用过往平均收益率替代),具体如下:

$$E(R_P)=\sum_{i=1}^{N}W_iE(R_i) \tag{9-4}$$

σ_p表示投资组合收益率的波动率(简称"收益波动率"或"波动率"),具体如下:

$$\sigma_p=\sum_{i}^{N}\sum_{j}^{N}W_iW_j(R_i,R_j)=\sum_{i=1}^{N}\sum_{j=1}^{N}W_iW_j\rho_{ij}\sigma_i\sigma_j \tag{9-5}$$

下面,就通过Python自定义运用方差—协方差法计算风险价值的函数,具体如下:

```
In[5]:def VaR VCM(Value, Rp,Vp,X,N):
   ...:       ''' 运用方差-协方差法计算风险价值(VaR)
   ...:       Value:代表投资组合的价值;
   ...:       Rp:代表投资组合日平均收益率;
   ...:       Vp:代表投资组合收益率的日波动率;
   ...:       x:代表置信水平;
   ...:       N:代表持有期,用天数表示。'''
```

```
...:        import scipy.stats as st                      # 导入 SciPy 统计子模块 stats
...:        import numpy as np
...:        z = np.abs(st.norm.ppf(q = 1 - X))
                                                # 计算标准正态分布下 1 - X 的分位数并取正数
...:        return np.sqrt(N) * Value * (z * Vp - Rp)           # 输出结果为正数
```

此外，一些书中会将风险价值的表达式简化为：

$$\mathrm{VaR}=V_P Z_C \sigma_P \tag{9-6}$$

因此，当投资组合期望收益率为正时，简化的表达式会增大计算的结果；相反，当投资组合期望收益率为负时，简化的表达式会减少计算的结果。本书不采用简化的表达式计算风险价值。

（二）优点与局限性

方差—协方差法的优点在于原理简单，计算便捷，毕竟只需估计投资组合中每个资产的收益率、收益波动率和协方差数据，就可得到任意组合的风险价值。

当然，方差—协方差法的局限性也比较明显，主要表现在以下三个方面。

1. 可能低估实际的风险

方差—协方差法的正态假设条件受到广泛质疑，由于“肥尾”现象在金融市场广泛存在，许多金融资产的收益特征并不完全符合正态分布，因此用这种方法计算得到的投资组合风险价值往往会低估实际的风险。

2. 忽略非线性风险

由于方差—协方差法只反映了风险因子对整个投资组合的一阶线性影响，因此测度简单资产组合的风险价值还比较可行，然而面对复杂的资产组合问题，由于无法度量非线性的风险，会导致结果失真。

3. 计算量可能比较大

如果投资组合是由大量的单一资产组成，需要计算的协方差就非常庞大，导致计算量繁重。

下面，通过一个案例具体讨论如何运用方差—协方差法计算投资组合的风险价值。

二、案例

假定有一家国内金融机构在 2018 年 12 月 28 日（最后一个交易日）的投资组合市值为 1 亿元。管理层要求计算持有期分别为 1 天和 10 天、置信水平分别为 99%和 95%情况下的风险价值，同时假定整个投资组合收益率是服从正态分布。结合这些金融资产在 2015 年至 2018 年期间的日收盘价或净值数据，借助 Python 并运用方差—协方差法计算该投资组合的风险价值，具体过程分为 3 个步骤。

第 1 步：导入外部数据并且计算每个资产的平均收益率、波动率等参数，具体的代码如下：

```
In[6]:data = pd.read_excel('C:/ Desktop/ 投资组合配置的资产情况 .xlsx',sheet_name = "Sheet1",header = 0,index_col = 0)          #导入外部数据
In[7]:(data/ data.iloc[0]).plot(figsize = (8,6))
#将初始价格归 1 处理并可视化
Out[7]:
In[8 ]:R = np.log(data/ data.shift(1))
#按照对数收益率的计算公式得到资产收益率的时间序列
    ...:R = R.dropna()                                    #缺失数据的处理
    ...:R.describe()
Out[8]:
        贵州茅台      交通银行      嘉实增强信用基金   华夏恒生 ETF   博时标普 500ETF
count   974.000000   974.000000   974.000000   974.000000   974.000000
mean    0.001098     -0.000202    0.000189     0.000278     0.000358
std     0.020740     0.018553     0.001182     0.011534     0.008880
min     -0.105361    -0.105999    -0.009594    -0.060571    -0.040847
25%     -0.009751    -0.006700    0.000000     -0.005675    -0.003079
50%     0.000203     0.000000     0.000000     0.000524     0.000072
75%     0.011425     0.006228     0.000836     0.006859     0.004508
max     0.095310     0.095557     0.007850     0.069038     0.045851
In[9 ]:R_mean = R.mean()                          #计算每个资产的日平均收益率
    ...:print(R_mean)
贵州茅台              0.001098
交通银行              -0.000202
嘉实增强信用基金      0.000189
华夏恒生 ETF          0.000278
博时标普 500ETF       0.000358
dtype:float64
In[10]:R_cov = R.cov()                         #计算每个资产收益率的协方差矩阵
In[11 ]:R_corr = R.corr()                      #计算每个资产收益率的相关系数矩阵
    ...:print(R_corr)
            贵州茅台    交通银行    嘉实增强     华夏恒生    博时标普
                                    信用基金     ETF         500ETF
贵州茅台    1.000000    0.381695    0.235909    0.430277    0.175348
交通银行    0.381695    1.000000    0.389375    0.330182    0.100871
嘉实增强信用基金    0.235909    0.389375    1.000000    0.147779    0.041657
```

```
华夏恒生 ETF        0.430277   0.330182   0.147779   1.000000   0.263061
博时标普 500ETF     0.175348   0.100871   0.041657   0.263061   1.000000
In[12]:R_vol = R.std()                              #计算每个资产收益率的日波动率
...:print(R_vol)
贵州茅台              0.020740
交通银行              0.018553
嘉实增强信用基金      0.001182
华夏恒生 ETF          0.011534
博时标普 500ETF       0.008880
dtype:float64
```

第 2 步：按照投资组合目前每个资产的权重计算投资组合的平均收益率和波动率，具体的代码如下：

```
In[13]:weights = np.array([0.15,0.20,0.50,0.05,0.10])
                                                    #投资组合中各资产的配置权重
   ...:Rp_ daily = np. sum (weights * R = mean)
                                        #按当前权重计算投资组合过往日平均收益率
   ...:Vp_ daily = np. sqrt (np . dot (weights, np . dot(R = cov, weights. T)))
                                          #按当前权重计算投资组合过往的日波动率
   ...:print('按当前权重计算投资组合日平均收益率',round(Rp daily,6))
   ...:print('按当前权重计算投资组合日波动率', round(Vp daily,6))
按当前权重计算投资组合日平均收益率      0. 000268
按当前权重计算投资组合日波动率          0.006427
```

从第 2 步的计算中可以发现，投资组合的日平均收益率为正数，但是投资组合日波动率明显高于平均收益率。

第 3 步：采用前面通过 Python 定义的运用方差—协方差法计算风险价值的函数 VaR_VCM 测度该投资组合的风险价值。

```
In[14]:D1 = 1                                                    #持有期为 1 天
   ...:D2 = 10                                                   #持有期为 10 天
   ...:X1 = 0.99                                                 #置信水平为 99%
   ...:X2 = 0.95                                                 #置信水平为 95%
   ...:Value_port = 100000000                               #投资组合的价值为 1 亿元
In[15]:VaR99_1day_VCM = VaR_VCM(Value = Value_port,Rp = Rp_daily,Vp = Vp_daily,
X = X1,N = D1)                                    #持有期 1 天、置信水平 99%的风险价值
   ...:VaR95_1day_VCM = VaR_VCM(Value = Value_port,Rp = Rp_daily,Vp = Vp_dai-
ly,X = X2,N = D1)                                 #持有期 1 天、置信水平 95%的风险价值
   ...:VaR99_10day_VCM = VaR_VCM(Value = Value_port,Rp = Rp_daily,Vp = Vp_dai-
```

```
ly,X = X1,N = D2)                                    #持有期 10 天、置信水平 99%的风险价值
    ...:VaR95_10day_VCM = VaR_VCM(Value = Value_port,Rp = Rp_daily,Vp = Vp_daily,X = X2,N = D2)                                    #持有期 10 天、置信水平 95%的风险价值
    ...:print('运用方差－协方差法计算持有期 1 天、置信水平 99%的风险价值,round(VaR99_1day_VCM,2))
    ...:print('运用方差－协方差法计算持有期 1 天、置信水平 95%的风险价值',round(VaR95_1dayVCM,2))
    ...:print('运用方差－协方差法计算持有期 10 天、置信水平 99%的风险价值',round(VaR99_10dayVCM,2))
    ...:print('运用方差－协方差法计算持有期 10 天、置信水平 95%的风险价值',round(VaR95_10dayVCM,2))
  运用方差－协方差法计算持有期 1 天、置信水平 99%的风险价值 1468366.22
  运用方差－协方差法计算持有期 1 天、置信水平 95%的风险价值 1030355.12
  运用方差－协方差法计算持有期 10 天、置信水平 99%的风险价值 4643381.7
  运用方差－协方差法计算持有期 10 天、置信水平 95%的风险价值 3258268.99
```

从以上的计算中不难发现，在置信水平为 99%、持有期 10 天的情况下，风险价值的金额达到了 464.34 万元，占到整个投资组合金额的 4.64%，这就意味着从理论上而言，未来 10 个交易日内，有 99% 的把握 1 亿元市值的投资组合累计最大亏损不会超过 464.34 万元。同样，在置信水平为 95%、持有期 10 天的情况下，风险价值达到 325.83 万元，占到整个投资组合金额的 3.26%，这意味着从理论上讲，未来 10 个交易日内，有 95% 的把握投资组合的最大累计亏损不会超过 325.83 万元。

第三节　风险价值的历史模拟法

历史模拟法是计算风险价值的一种流行方法，这种方法的核心假设就是历史可以代表未来，也就是假定基于过去交易数据的投资组合收益分布是对未来分布的最优估计。

一、历史模拟法的简介

（一）数学表达式

历史模拟法的思路可以用一个简单的例子进行描述。假设有一个投资组合，该组合由 M 个资产组成，并采用这 M 个资产过去 1 000 个交易日的收益率数据，同时依据投资组合的当前市场价值以及 M 个资产的最新权重比例，模拟出该投资组合在过去 1 000 个交易日的日收益（盈亏）金额。

如果用数学形式抽象地表示模拟的过程，就定义 R_{it} 表示第 i 个资产在过去第 t 个交易

日的收益率，并且假设今天是第 T 个交易日（$T=1\ 000$），今天的投资组合最新市值用 S_{PT} 表示，第 i 个资产在今天的权重用 W_i 表示，在历史模拟方法中，模拟过去第 t 个交易日（$1\leqslant t\leqslant T$）投资组合的收益 ΔS_{PT} 就用如下的表达式：

$$\Delta S_{Pt}=\sum_{i=1}^{m}W_iR_{it}S_{PT} \tag{9-7}$$

然后，将这 1000 个交易日的投资组合收益金额由大到小进行排序，从而形成一个基于过去 1000 个交易日的投资组合收益分布，具体如下：

第 1 位收益金额最大值；

第 2 位收益金额排第 2 的值；

第 3 位收益金额排第 3 的值；

…

第 950 位收益金额排第 950 的值（负数）；

…

第 990 位收益金额排第 990 的值（负数）；

…

第 1 000 位收益金额排第 1 000 的值（负数）。

如果是计算持有期为 1 天、置信水平为 95% 的风险价值，选取第 950 位的收益数据（对应于收益分布中的 5% 分位数），考虑到是负数，因此取绝对值以后就是计算得到的风险价值；如果需要计算持有期为 1 天、置信水平为 99% 的风险价值，就选取第 990 位的收益数据（对应于分布中的 1% 分位数），同样由于是负数则取绝对值以后就得到了风险价值。

此外，由于影响投资组合的变量有许多个，因此在历史模拟法中，首先需要选定影响投资组合的各种变量或风险因子，这些变量通常是利率、汇率、债券价格、股票价格、期货价格、期权价格等，并且所有的资产价格应当以本币计价或者折算成本币计价。同时，确定过去交易日的期间长度也是很关键的，通常可以选择过去 3 年、5 年、10 年甚至更长的周期，同时收集这些变量在选定期间内每个交易日的数据，这些数据就提供了测算风险价值可能发生的变化情形。

（二）历史模拟法的优点与局限性

根据以上的例子可以归纳出历史模拟法的三个主要优点，具体如下。

1. 计算相对简单

历史模拟法只需要通过模拟出投资组合历史收益的分布就可以直接求出投资组合的风险价值。

2. 非参数化

历史模拟法不依赖于对变量、风险因子分布的任何假定，也不需要假设不同资产收益率之间相互独立，能够有效避免运用正态分布及独立性假设的局限，消除了参数估计误差对计算风险价值的负面影响。

3. 较强的捕捉风险能力

历史模拟法完全是运用了过去的真实交易数据，能够较好地处理非线性风险、市场大幅波动等情况，在一定程度上提高了捕捉各种风险的能力。

当然，历史模拟法也有其局限性，具体包括以下三个方面。

(1)对数据完整性要求很高。一般而言，适当地拉长过去的数据区间，历史模拟法所计算得到的风险价值就更加接近真实的风险值。但是，投资组合中不同资产的过去交易数据会存在期间长度方面的差异性，比如投资组合中配置了新上市的公司股票，由于这些股票缺乏足够多的过往交易信息，就会影响到历史模拟法的有效运用。

(2)历史并不能完全代表未来。前面提到了历史模拟法的核心假设是历史可以代表未来，未来是历史的一个镜像。然而类似于1997年亚洲金融危机、2008年美国次贷危机、2010年欧债危机等重大金融事件发生时，基于过去的概率分布来预测未来就变得不适合了。

(3)早期数据的可靠性。使用者为了能够得到更加精确的风险价值数据，往往会拉长过去的数据区间从而得到更多的样本数据，但是当样本量越大，其中的一些数据就越早，可能这些更早期历史数据所处的市场条件已经与当前的情况发生了很大的差异性，从而使得计算的结果有可能更加不可靠。

下面，通过一个案例具体演示计算投资组合风险价值的历史模拟法。

二、案例

沿用前面的投资组合信息，并且运用历史模拟法计算持有期分别为1天和10天、置信水平分别是99%和95%条件下的风险价值。在计算过程中，是选取贵州茅台股票、交通银行A股、嘉实增强信用基金、华夏恒生ETF基金、博时标普500ETF基金这5个金融资产2015～2018年共计974个交易日的历史收益率数据，运用Python计算投资组合的风险价值，具体过程分为3个步骤。

第1步：依据2015～2018年相关资产的日收益率数据，同时结合2018年12月28日投资组合的最新市值和每个资产在投资组合中的最新权重，模拟出2015～2018年每个交易日投资组合的日收益金额数据(图9-2)，具体的代码如下：

```
In[16]:Value_asset = Value_port * weights
                    #按照投资组合最新市值和每个资产最新权重计算每个资产的最新市值
In[17]:Return_history = np.dot(R,Value_asset)
                    #得到2015至2018年每个交易日投资组合模拟盈亏金额的数组
   ...:Return_history = pd.DataFrame(Return_history,index = R.index,columns
= ['投资组合的模拟日收益'])
                    #生成2015至2018年每个交易日投资组合模拟盈亏的时间序列
In[18]:Return_history.describe()
Out[18]:
```

```
投资组合的模拟日收益
count                    9.740000e+02
mean                     2.682790e+04
std                      6.427216e+05
min                     -3.974723e+06
25%                     -2.453708e+05
50%                      2.454463e+04
75%                      3.303199e+05
max                      2.966833e+06
In[19]:Return_history.plot(figsize=(8,6))
Out[19]:
```

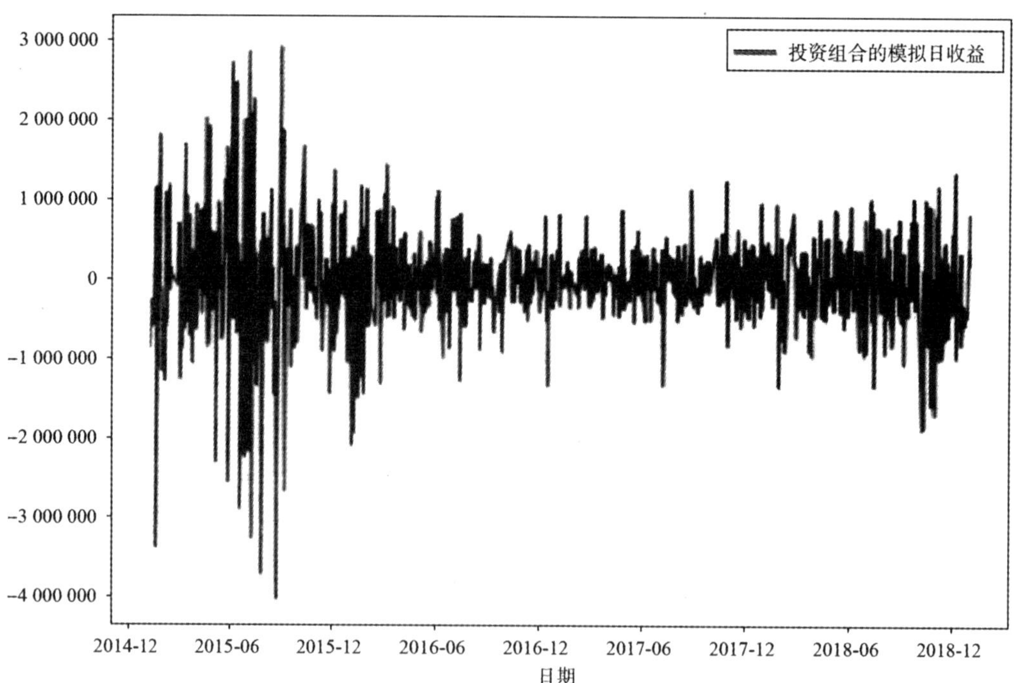

图 9-2 历史模拟法得到的投资组合日盈亏情况(2015～2018 年)

第 2 步:对投资组合模拟的日收益金额进行正态性检验(图 9-3),具体的代码如下:

```
In[20]:plt.figure(figsize=(8,6))
   ...:plt.hist(np.array(Returnhistory),bins=30,facecolor='y',edgecolor='k')    #画出投资组合的模拟日收益金额的直方图,在输入时需要将数据框转换为数组
   ...:plt.xticks(fontsize=13)
   ...:plt.xlabel(u'投资组合模拟的日收益金额,'fontsize=13)
```

```
…:plt.yticks(fontsize = 13)
…:plt.ylabel(u'频数',fontsize = 13,rotation = 0)
…:plt.title(u'投资组合模拟日收益金额的直方图',fontsize = 13)
…:plt.grid(True)
In[21]:st.kstest(rvs = Return_history['投资组合的模拟日收益'],cdf = 'norm')
                                        #正态性的 Kolmogorov - Smirnov 检验
Out[21]:KstestResult(statistic = 0.5205338809034907,pvalue = 0.0)
In[22]:st.anderson(x = Returnhistory['投资组合的模拟日收益'],dist = 'norm')
                                        #正态性的 Anderson - Darling 检验
Out[22]:AndersonResult(statistic = 19.737256887343733,critical_values = array
([0.574,0.653,0.784,0.914,1.0881),significance_level = array([15.,10.,5.,2.5,
1.1))
In[23]:st.shapiro(Return_history['投资组合的模拟日收益'])
                                        #正态性的 Shapiro - Wilk 检验
Out[23]:(0.9042510390281677,3.218838652595097e - 24)
In[24]:st.normaltest(Return_history['投资组合的模拟日收益'])
#正态性检验
Out [ 24 ]: NormaltestResult ( statistic = 192.37738470012988, pvalue =
1.6818284348842272e - 42)
```

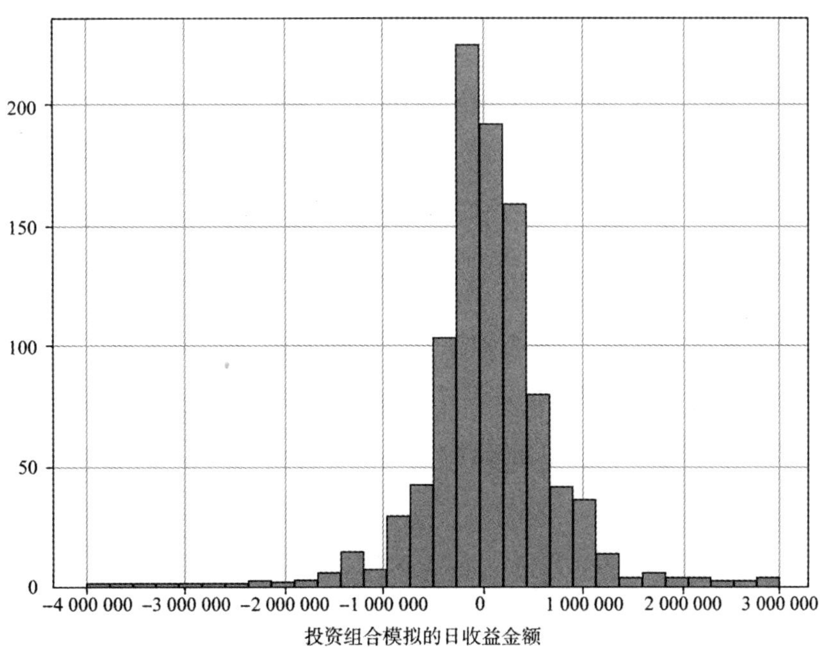

图 9-3　模拟后的投资组合日盈亏的直方图(2015～2018 年)

无论是对图 9-3 的目测还是 4 个检验正态性的指标统计量，都可以得出投资组合模拟日收益数据不服从正态分布的结论，因此，运用方差—协方差法计算得到的投资组合风险价值会存在偏差。

第 3 步：计算投资组合的风险价值，具体的代码如下：

```
In[25]:VaR99_1day_history = np.abs(np.percentile(a = Return_history,q = (1 - X1) * 100))                    #计算持有期 1 天、置信水平 99% 的风险价值
   ...:VaR95_1day_history = np.abs(np.percentile(a = Return_history,q = (1 - X2) * 100))                    #计算持有期 1 天、置信水平 95% 的风险价值
   ...:VaR99_10day_history = np.sqrt(10) * VaR99_1dayhistory #计算持有期 10 天、置信水平 99%的风险价值
   ...:VaR95_10day_istory = np.sqrt(10) * VaR95_1day_history #计算持有期 10 天、置信水平 95%的风险价值
   ...:print('历史模拟法计算的持有期 1 天、置信水平 99%的风险价值，round(VaR99_1day_history,2))
   ...:print('历史模拟法计算的持有期 1 天、置信水平 95%的风险价值',round(VaR95_1day_history,2))
   ...:print('历史模拟法计算的持有期 10 天、置信水平 99%的风险价值',round(VaR99_10day_history,2))
   ...:print('历史模拟法计算的持有期 10 天、置信水平 95%的风险价值',round(VaR95_10day_history,2))
历史模拟法计算的持有期 1 天、置信水平 99%的风险价值        2135730.95
历史模拟法计算的持有期 1 天、置信水平 95%的风险价值        867143.34
历史模拟法计算的持有期 10 天、置信水平 99%的风险价值       6753774.29
历史模拟法计算的持有期 10 天、置信水平 95%的风险价值       2742148.0
```

从以上的计算可以看到，运用历史模拟法得到的持有期 10 天、置信水平 99%的风险价值金额达到 1 675.38 万元，相同持有期、置信水平 95%的风险价值金额则为 27 421 万元，结果是高的，通过方差—协方差法计算得到的相同持有期置信水平 99%的风险价值 464.34 万元，但是低于置信水平 95%的风险价值 32 583 万元。因此，在本案例中，历史模拟法有更强的对尾部极端风险的捕捉能力。

第四节　蒙特卡罗模拟法

在计算风险价值时，除了前面提到的方差—协方差法以及历史模拟法以外，还可以利用

蒙特卡罗模拟法得到投资组合收益的概率分布，并最终计算出风险价值。

一、蒙特卡罗模拟法的简介

（一）理论表述

蒙特卡罗模拟法，又称随机抽样或统计试验方法，属于计算数学的一个分支，在20世纪40年代中期为了适应当时原子能事业而发展起来的。传统的经验方法由于不能逼近真实的物理过程，很难得到满意的结果，而蒙特卡罗方法由于能够真实地模拟实际物理过程，因此可以得到比较满意的结果。

假设有一个投资组合，该组合由 M 个资产组成，其中，S_i表示第 i 个资产的当前价值，S_p 表示投资组合的当前价值，第 i 个资产价值在一个交易日内的百分比变化用 x_i 表示。在运用蒙特卡罗模拟法计算投资组合的风险价值时，需要有如下几个步骤。

第 1 步：利用第 i 个资产的当前价值 S_i加总计算出投资组合的当前价值，即：

$$S_P = \sum_{i=1}^{M} S_i$$

第 2 步：在第 i 个资产价值的日百分比变化所服从的分布中进行一次抽样并得到x_i^j，上标 j 表示第 j 次抽样；

第 3 步：由x_i^j 模拟计算得到本次抽样中第 i 个资产在下一个交易日的收益金额，即$x_i^j S_i$；

第 4 步：计算得到在本次抽样中模拟的整个投资组合在下一个交易日的价值变动，具体的表达式是：

$$\Delta S_P^j = \sum_{i=1}^{M} x_i^j S_i$$

其中，ΔS_P^j 表示在第 j 次抽样中模拟得到的投资组合在下一个交易日的收益金额。

第 5 步：重复上面的第 2 步至第 4 步，并且将 ΔS_P^j 的金额由大到小进行排序，从而建立投资组合在下一个交易日的收益金额 ΔS_P 的概率分布。

第 6 步：在持有期为 1 天、置信水平为 X 的投资组合风险价值对应于在 A5P 概率分布中的 X 分位数。

比如，蒙特卡罗模拟法的抽样次数是 10 000 次，通过以上的步骤可以得到 ΔS_P 的10 000个不同的样本值。持有期 1 天、置信水平 99%的投资组合风险价值就对应于样本数值中排在第 100 位最大损失的取值；持有期为 1 天、置信水平为 95%的投资组合风险价值就对应于排在第 500 位最大损失的取值。相同置信水平但持有期 X 天的风险价值依然是通过上述的式子计算得到。

（二）优点与局限性

通过以上的分析，可以得出蒙特卡罗模拟法以下三方面优点。

1. 选择更多分布

在蒙特卡罗模拟法中，针对市场变量和风险因子所服从的分布，可以由使用者根据实际情况灵活设定，比如，针对厚尾的情形，可以通过假定服从学生 t 分布等方式优化模拟结果。

2. 捕捉更多风险

蒙特卡罗模拟法是一种数值估计的方法，针对非线性问题、波动幅度较大、厚尾现象等情况，都能够较好地处理，从而提升风险捕捉能力。

3. 适应更多情景

蒙特卡罗模拟法能够针对未来不同市场情景，随机生成各类变量和风险因子的数值，对未来风险进行模拟，便于风险管理者预测未来市场所面临的可能风险。

当然，蒙特卡罗模拟法也有三个局限性，具体如下。

（1）计算量大。如果投资组合中涉及的变量和风险因子较多，运用蒙特卡罗模拟法计算风险价值的运算量会相当大，需要大量的时间用于计算。此外，结果精确度的提升需要以模拟次数的指数型增长为代价，例如，希望将估计值的精确度提高 1 倍，必须将模拟次数提高 4 倍；如果希望将精确度提高 10 倍，必须将模拟次数提高 100 倍；如果将精确度提高 100 倍，则必须将模拟次数提高 10 000 倍，依此类推。

（2）随机陷阱。蒙特卡罗模拟法中生成的随机序列是伪随机数，所谓伪随机数，是用确定性的算法计算出来的随机数序列，只是具有类似于随机数的统计特征，如均匀性、独立性等，但并非真正意义上的随机数。因此伪随机数可能会导致风险价值的计算结果出现偏差。

（3）可靠性弱。蒙特卡罗模拟法往往会对资产定价模型、随机模型的基础风险因子过分依赖，反而使得风险价值在风险预测方面可能变得不可靠。

下面，通过一个案例具体演示如何运用蒙特卡罗模拟法计算投资组合的风险价值。

二、案例

依然沿用前面的投资组合信息，并且运用蒙特卡罗模拟法计算投资组合的风险价值，具体是通过对贵州茅台股票、交通银行 A 股、嘉实增强信用基金、华夏恒生 ETF 基金、博时标普 500ETF 基金这 5 个金融资产在下一个交易日的价格（或净值）进行 10 000 次的模拟，进而求出持有期分别为 1 天和 10 天、置信水平分别为 99%和 95%的投资组合风险价值。考虑到金融资产收益率的厚尾特征，为了进行对比分析，分别运用学生 t 分布和正态分布作为资产收益率服从的分布。

同时，在模拟过程中，需要运用金融资产价格服从的随机过程公式，即：

$$S_t=S_{t-\Delta t}e^{(\mu-\frac{1}{2}\sigma^2)\Delta t+\sigma\varepsilon_t\sqrt{\Delta t}} \tag{9-8}$$

其中，ε_t 在模拟过程中分别假定服从学生 t 分布和正态分布。借助 Python 计算投资组合的风险价值，具体过程分为 4 个步骤。

第 1 步：输入相关参数，并且运用上式模拟得到投资组合中每个资产在下一个交易日的价格，具体的代码如下：

```
In[26]:I = 10000#模拟的次数
   ...:epsilon = npr.standardt(df = len(R),size = I)#从自由度等于过往交易日天数的学生 t 分布中进行随机抽样
   ...:S1 = data.iloc[-1,0]                 #投资组合中第 1 个资产最新的收盘价
   ...:S2 = data.iloc[-1,1]                 #投资组合中第 2 个资产最新的收盘价
   ...:S3 = data.iloc[-1,2]                 #投资组合中第 3 个资产最新的收盘价
   ...:S4 = data.iloc[-1,3]                 #投资组合中第 4 个资产最新的收盘价
   ...:S5 = data.iloc[-1,4]                 #投资组合中第 5 个资产最新的收盘价
   ...:R_mean = R.mean() * 252              #计算每个资产的年化平均收益率
   ...:R_vol = R.std() * np.sqrt(252)       #计算每个资产收益率的年化波动率
   ...:dt = 1/ 252                          #设定为一个交易日(单位是年)
In[27]:s1_new = S1 * np.exp((R_mean[0] - 0.5 * R_vol[0] * * 2) * dt + R_vol[0] * epsilon * np.sqrt(dt))
                                            #模拟投资组合中第 1 个资产下一个交易日的收盘价
   ...:S2_new = S2 * np.exp((R_mean[1] - 0.5 * R_vol[1] * * 2) * dt + R_vol[1] * epsilon * np.sqrt(dt))   #模拟投资组合中第 2 个资产下一个交易日的收盘价
   ...:S3_new = S3 * np.exp((R_mean[2] - 0.5 * R_vol[2] * * 2) * dt + R_vol[2] * epsilon * np.sqrt(dt))   #模拟投资组合中第 3 个资产下一个交易日的收盘价
   ...:S4_new = S4 * np.exp((R_mean[3] - 0.5 * R_vol[3] * * 2) * dt + R_vol[3] * epsilon * np.sqrt(dt))   #模拟投资组合中第 4 个资产下一个交易日的收盘价
   ...:S5_new = S5 * np.exp((R_mean[4] - 0.5 * R_vol[4] * * 2) * dt + R_vol[4] * epsilon * np.sqrt(dt))   #模拟投资组合中第 5 个资产下一个交易日的收盘价
```

第 2 步：模拟单个资产和整个投资组合在下一个交易日的盈亏，并且可视化(图 9-4)，具体的代码如下：

```
In[28]:S1_delta = (S1_new/ S1 - 1) * Value_port * weights[0]
                                            #模拟投资组合中第 1 个资产在下一个交易日的收益
   ...:S2_delta = (S2_new/ S2 - 1) * Value_port * weights[1]
                                            #模拟投资组合中第 2 个资产在下一个交易日的收益
```

```
…:S3_delta = (S3_new/ S3 - 1) * Value_port * weights[2]
                                #模拟投资组合中第 3 个资产在下一个交易日的收益
…:S4_delta = (S4_new/ S4 - 1) * Value_port * weights[3]
                                #模拟投资组合中第 4 个资产在下一个交易日的收益
…:S5_delta = (S5_new/ S5 - 1) * Value_port * weights[4]
                                #模拟投资组合中第 5 个资产在下一个交易日的收益
…:Sp_delta = S1_delta + S2_delta + S3_delta + S4_delta + S5_delta
                                #模拟整个投资组合在下一个交易日的收益
In[29 ]:plt.figure(figsize = (8,6))
…:plt.hist(Sp_delta,bins = 30,facecolor = 'y',edgecolor = 'k')
                                #绘制投资组合收益直方图
…:plt.xticks(fontsize = 13)
…:plt.xlabel(u '投资组合模拟的日收益金额',fontsize = 13)
…:plt.yticks(fontsize = 13)
…:plt.ylabel(u '频数',fontsize = 13,rotation = 0)
…:plt.title(u '蒙特卡罗模拟(服从学生 t 分布)得到投资组合日收益金额的直方图',fontsize = 13)
…:plt.grid(True)
```

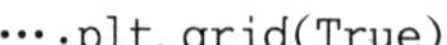

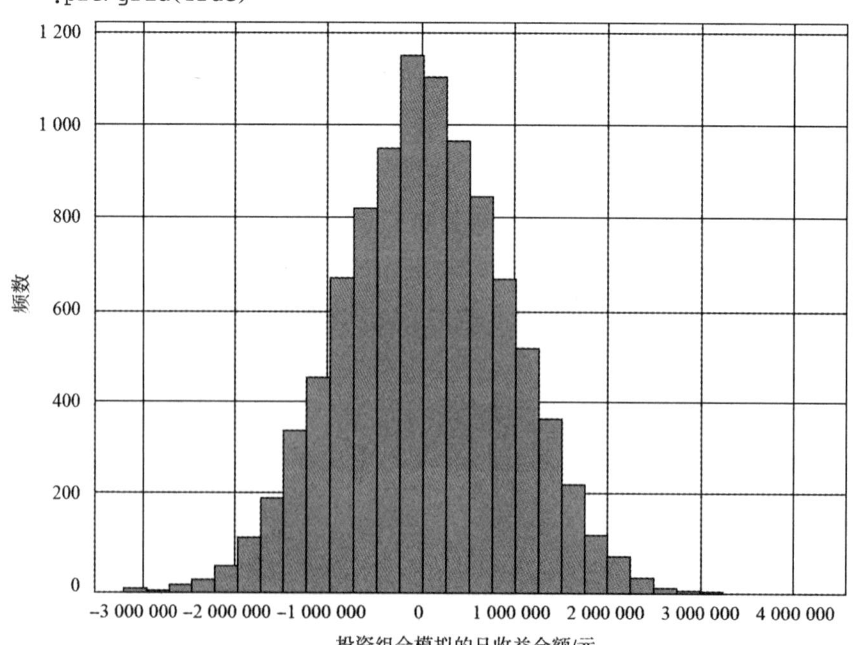

图 9-4　蒙特卡罗模拟(服从学生 *t* 分布)得到投资组合日收益率的直方图

第 3 步:运用蒙特卡罗模拟法并且假定资产收益率是服从学生 t 分布的情况下计算投资组合的风险价值,具体的代码如下:

```
In[30]:VaR99_1day_MSst = np.abs(np.percentile(a = Sp.delta,q = (1 - X1) * 100))
                                                #计算持有期 1 天、置信水平 99%的风险价值
    ...:VaR95 _ 1day _ MSst = np.abs(np.percentile(a = Sp.delta,q = (1 - X2) *
100))
                                                #计算持有期 1 天、置信水平 95%的风险价值
    ...:VaR99_10day_MSst = np.sqrt(10) * VaR99_1day_MSst
  #计算持有期 10 天、置信水平 99%的风险价值
    ...:VaR95_10day_MSst = np.sqrt(10) * VaR95_1day_MSst
  #计算持有期 10 天、置信水平 95%的风险价值
    ...:print('蒙特卡罗模拟法(服从学生 t 分布)计算持有期 1 天、置信水平 99%的
风险价值',round(VaR99_1day_MSst,2))
    ...:print('蒙特卡罗模拟法(服从学生 t 分布)计算持有期 1 天、置信水平 958%
风险价值',round(VaR95_1day_MSst,2))
    ...:print('蒙特卡罗模拟法(服从学生 t 分布)计算持有期 10 天、置信水平 99%
的风险价值',round(VaR9910dayMSst,2))
    ...:print('蒙特卡罗模拟法(服从学生 t 分布)计算持有期 10 天、置信水平 95%
的风险价值,round(VaR95_10day_MSst,2))
  蒙特卡罗模拟法(服从学生 t 分布)计算持有期 1 天、置信水平 99%的风险价
值 2029872.29
  蒙特卡罗模拟法(服从学生 t 分布)计算持有期 1 天、置信水平 95%的风险价
值 1429033.2
  蒙特卡罗模拟法(服从学生 t 分布)计算持有期 10 天、置信水平 99%的风险价
值 6419019.79
  蒙特卡罗模拟法(服从学生 t 分布)计算持有期 10 天、置信水平 95%的风险价
值 4518999.77
```

从以上分析可以得到,运用蒙特卡罗模拟法并且假定资产收益率是服从学生 t 分布的情况下,持有期 10 天、置信水平 99%的投资组合风险价值为 641.9 万元,该金额接近历史模拟法的结果;相同持有期、置信水平 95%的风险价值为 451.9 万元,这个金额均高于历史模拟法和方差一协方差法的计算结果。

第 4 步:为了进行比较,假定在资产收益率服从正态分布的情况下,运用蒙特卡罗模拟法计算投资组合的风险价值,为了减少输入的步骤而运用 for 语句,具体的代码如下:

```
In[31]:epsilon_norm = npr.standard_normal(I)                #从正态分布中抽取样本
In[32]:S_new = np.zeros(shape = (I,len(Rmean)))
                              #生成放置模拟的下一个交易日单一资产价格数组
In[33]:for_i_in_range(len(R_mean)):
                              #运用 for 语句计算每个资产下一个交易日的模拟价格
    …:s_new[:,i] = data.iloc[ - 1,i] * np.exp((R_mean[i] - 0.5 * R_vol[i]1 *
* 2) * dt + R_vol[i] * epsilon_norm * np.sqrt(dt))
In[34 ]:S = np.array(data.iloc[ - 1])
                              #最近一个交易日投资组合中的单个资产价格或净值
    …:Sp_delta_norm = (np.dot(S_new/ S - 1,weights)) * Value_port
In[35]:plt.figure(figsize = (8,6))
    …:plt.hist(Sp_delta_norm,bins = 30,facecolor = 'y',edgecolor = 'k')
                              #绘制投资组合的模拟日收益金额的直方图
    …:plt.xticks(fontsize = 13)
    …:plt.xlabel(u '投资组合模拟的日收益金额'fontsize = 13)
    …:plt.yticks(fontsize = 13)
    …:plt.ylabel(u '频数',fontsize = 13,rotation = 0)
    …:plt.title(u '蒙特卡罗模拟(服从正态分布)得到投资组合日收益金额的直方
图,fontsize = 13)
    …:plt.grid(True)
In[36 ]:VaR99_1day_MCnorm = np.abs(np.percentile(a = Sp_delta_norm,q = (1 - X1)
* 100))
                              #计算持有期 1 天、置信水平 99%的风险价值
    …:VaR95_1day_MCnorm = np.abs(np.percentile(a = Sp_delta_norm,q = (1 -
X2) * 100))
                              #计算持有期 1 天、置信水平 95%的风险价值
    …:VaR99_10day_MCnorm = np.sqrt(10) * VaR_99_1day
                              #计算持有期 10 天、置信水平 99%的风险价值
    …:VaR95_10day_MCnorm = np.sqrt(10) * VaR_95_1day
                              #计算持有期 10 天、置信水平 95%的风险价值
    …:print('蒙特卡罗模拟法(服从正态分布)计算持有期 1 天、置信水平 99%的风
险价值',round(VaR99_1day_MCnorm,2))
    …:print('蒙特卡罗模拟法(服从正态分布)计算持有期 1 天、置信水平 95%的风
险价值',round(VaR95_1day_MCnorm,2))
```

```
...:print('蒙特卡罗模拟法(服从正态分布)计算持有期 10 天、置信水平 99%的风险价值',round(VaR99_10day_MCnorm,2))
...:print('蒙特卡罗模拟法(服从正态分布)计算持有期 10 天、置信水平 95%的风险价值',round(VaR95_10day_MCnom,2))
蒙特卡罗模拟法(服从正态分布)计算持有期 1 天、置信水平 99%的风险价值 1989215.75
蒙特卡罗模拟法(服从正态分布)计算持有期 1 天、置信水平 95%的风险价值 1415977.48
蒙特卡罗模拟法(服从正态分布)计算持有期 10 天、置信水平 99%的风险价值 6290452.53
蒙特卡罗模拟法(服从正态分布)计算持有期 10 天、置信水平 95%的风险价值 4477713.96
```

如图 9-5 所示，从第 4 步的分析结果来看，当资产收益率服从正态分布时，蒙特卡罗模拟法计算得到的投资组合风险价值低于服从学生 t 分布条件下的风险价值。

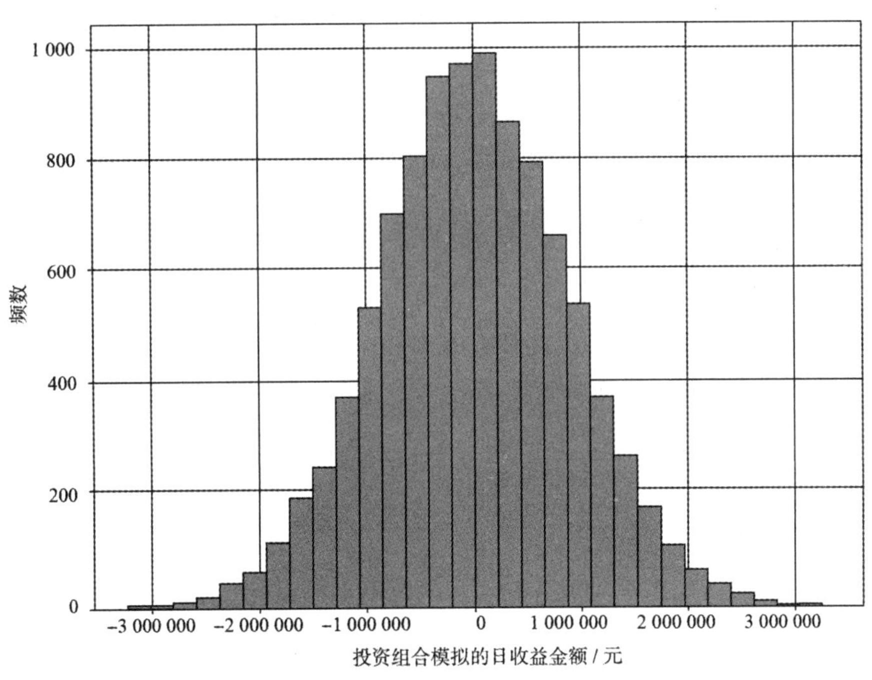

图 9-5 蒙特卡罗模拟法(服从正态分布)得到投资组合日收益率的直方图

第五节　回溯检验、压力测试与压力风险价值

一、回溯检验

（一）基本概念

回溯检验也称为事后检验，是指将通过模型得到风险价值的估算结果与实际发生的损益进行比较，以检验模型的准确性、可靠性，并据此对模型进行调整和改进的一种方法。

若估算结果与实际结果近似，则表明该模型的准确性和可靠性较高；若估算结果与实际结果的差距很大，则表明该模型的准确性和可靠性较低，或者是回溯检验的假设前提存在问题。

举一个简单例子进行说明。假定计算得到持有期 1 天、置信水平 95%的风险价值是 1 000万元，在对该风险价值进行回溯检验中，就要找出投资组合在每个交易日中损失超出 1 000万元的天数。假如观测的交易天数是 1 000，如果交易日的损失金额超出 1 000 万元的天数是控制在 50 天以内（在总天数的 5%以内），可以认为计算风险价值的模型是合理的；相反，如果损失超出 1 000 万元的天数大于 50 天（占总天数的比例超过 5%），此时就有理由对计算风险价值的模型产生怀疑。

（二）案例

依然沿用前面的投资组合信息，并且运用 2015～2018 年每年的日交易数据来回溯检验方差－协方差法计算得到的持有期 1 天、置信水平为 95%的风险价值的合理性，具体分为 3 个步骤。

第 1 步：生成 2015～2018 年每年的投资组合日收益金额时间序列，同时计算每年的交易日天数，具体的代码如下：

```
In[37]:Return_2015 = Return_history.loc['2015-01-01':'2015-12-31']
                                    # 生成 2015 年投资组合日收益金额的时间序列
   ...:Return_2016 = Return_history.loc['2016-01-01':'2016-12-31']
                                    # 生成 2016 年投资组合日收益金额的时间序列
   ...:Return_2017 = Return_history.loc['2017-01-01':'2017-12-31']
                                    # 生成 2017 年投资组合日收益金额的时间序列
   ...:Return_2018 = Return_history.loc['2018-01-01':'2018-12-31']
                                    # 生成 2018 年投资组合日收益金额的时间序列
```

```
In[38]:days_2015 = len(Return_2015)                    #2015 年的交易日天数
   ...:days_2016 = len(Return_2016)                    #2016 年的交易日天数
   ...:days_2017 = len(Return_2017)                    #2017 年的交易日天数
   ...:days_2018 = len(Return_2018)                    #2018 年的交易日天数
```

第 2 步:将 2015～2018 年每年的投资组合日收益与持有期 1 天、置信水平 95%的风险价值对应的亏损额进行可视化,具体的代码如下:

```
In[39]:VaR_2015 = pd.DataFrame( - VaR95_1day_VCM * np.ones_like(Return_2015),
index = Return_2015.index)                    # 生成 2015 年风险价值的时间序列
   ...:VaR2016 = pd.DataFrame( - VaR95_1day_VCM * np.ones_like(Return_2016),index
= Return_2016.index)                          # 生成 2016 年风险价值的时间序列
   ...:VaR_2017 = pd.DataFrame( - VaR95_1day_VCM * np.ones_1ike(Return_2017),index
= Return_2017.index)                          # 生成 2017 年风险价值的时间序列
   ...:VaR_2018 = pd.DataFrame( - VaR95_1day_VCM * np.ones_like(Return2018),index
= Return_2018.index)                          # 生成 2018 年风险价值的时间序列
In[40]:plt.figure(figsize = (9,15))
     ...:plt.subplot(4,1,1)
     ...:plt.plot(Return_2015,'b - ',label = u'2015 年投资组合日收益')
     ...:plt.plot(VaR_2015,'r - ',label = u'风险价值对应的亏损',lw = 2.0)
     ...:plt.ylabel(u'收益,rotation = 0)
     ...:plt.xticks(rotation = 30)
     ...:plt.legend(fontsize = 12)
     ...:plt.grid('True')
     ...:plt.subplot(4,1,2)
     ...:plt.plot(Return_2016,'b - ',label = u'2016 年投资组合日收益")
     ...:plt.plot(VaR_2016,'r - ',label = u'风险价值对应的亏损',1w = 2.0)
     ...:plt.ylabel(u'收益',rotation = 0)
     ...:plt.xticks(rotation = 30)
     ...:plt.legend(fontsize = 12)
     ...:plt.grid('True')
     ...:plt.subplot(4,1,3)
     ...:plt.plot(Return_2017,'b - ',label = u'2017 年投资组合日收益')
     ...:plt.plot(VaR_2017,'r - ',label = u'风险价值对应的亏损',1w = 2.0)
     ...:plt.ylabel(u'收益',rotation = 0)
```

```
…:plt.xticks(rotation = 30)
…:plt.legend(fontsize = 12)
…:plt.grid('True')
…:plt.subplot(4,1,4)
…:plt.plot(Return2018,'b - ',label = u'2018 年投资组合日收益')
…:plt.plot(VaR_2018,'r - ',label = u'风险价值对应的亏损',lw = 2.0)
…:plt.xlabel(u'日期')
…:plt.ylabel(u'收益',rotation = 0)
…:plt.xticks(rotation = 30)
…:plt.legend(fontsize = 12)
…:plt.grid('True')
…:plt.show()
```

第 3 步：计算出在每一年内投资组合日亏损金额超出风险价值的具体天数以及占当年交易天数的比例，具体的代码如下：

```
In [41]:dayexcept_2015 = len(Return_2015 [Return 2015['投资组合的模拟日收益']< - VaR95_1day_VCM])
                                        # 用 2015 年数据做回溯检验，并计算超过风险价值天数
…:dayexcept_201 6 = len(Return_2016 [Return 2016['投资组合的模拟日收益']< - VaR95_1day_VCM])
                                        # 用 2016 年数据做回溯检验，并计算超过风险价值天数
…:dayexcept_2017 = len(Return_2017[Return 2017['投资组合的模拟日收益']< - VaR95_1day_VCM])
                                        # 用 2017 年数据做回溯检验，并计算超过风险价值天数
…:dayexcept_2018 = len(Return_2018[Return_2018['投资组合的模拟日收益']< - VaR95_1day._VCM] )
                                        # 用 2018 年数据做回溯检验，并计算超过风险价值天数
…:print('2015 年超过风险价值的天数',dayexcept_2015)
…:print('2015 年超过风险价值的天数占全年交易天数的比例',round(dayexcept_2015/days_2015,4))
…:print('2016 年超过风险价值的天数',dayexcept _2016)
…:print('2016 年超过风险价值的天数占全年交易天数的比例',round(dayexcept_2016/days_2016,4))
…:print('2017 年超过风险价值的天数',dayexcept_2017)
…:print('2017 年超过风险价值的天数占全年交易天数的比例',round(dayexcept_2017/ days_2017,4))
```

```
...:print('2018 年超过风险价值的天数',dayexcept_2018)
:print('2018 年超过风险价值的天数占全年交易天数的比例',round(dayexcept_2018/days_2018,4))
2015 年超过风险价值的天数 22
2015 年超过风险价值的天数占全年交易天数的比例 0.0905
2016 年超过风险价值的天数 9
2016 年超过风险价值的天数占全年交易天数的比例 0.0369
2017 年超过风险价值的天数 1
2017 年超过风险价值的天数占全年交易天数的比例 0.0041
2018 年超过风险价值的天数 6
2018 年超过风险价值的天数占全年交易天数的比例 0.0247
```

从以上的分析中不难发现，2015 年超过风险价值的天数占全年交易天数的比例高达 9.05%，明显高于 5%，因此，可以认为方差—协方差法计算风险价值的模型在 2015 年是不适用的；但是，在 2016 年、2017 年和 2018 年这 3 年中，超过风险价值的天数占全年交易天数的比例均小于 5%，则可以认为该模型在这 3 年还是可行的。

二、压力测试

除了计算风险价值以外，众多金融机构也会针对投资组合进行压力测试，目的就是检验如果出现了在过去 10～20 年甚至更长期间的某些极端市场条件下，投资组合的业绩将会如何表现，进而采取可能的风险管控手段和措施。

压力测试是一种以定量分析为主的风险分析方法，通过测算金融机构在遇到假定的小概率事件等极端不利情况下可能面临的损失，分析这些损失对金融机构的营利能力和资本金带来的负面影响，进而对单家金融机构、金融控股集团甚至整个金融体系的脆弱性做出评估和判断，并采取必要的应对措施。

压力测试包括敏感性测试和情景分析等具体方法。敏感性测试旨在测量单个重要风险因子或少数几项关系密切的风险因子，根据假设的变动对金融机构风险暴露和承受风险能力的影响。情景分析是假设分析多个风险因子同时发生变化以及某些极端不利事件发生对金融机构风险暴露和风险承受能力的影响。

在压力测试中一般会设置多个压力情景，包括轻度情景、中度情景和重度情景等。这些情景在金融机构中通常由管理层制订，通常分为以下两种方法：一种是头脑风暴法，具体是要求金融机构管理层定期会面，在给定经济背景和全球不确定状况下，通过集体研讨得出市场上可能会出现的极端情形，该方法主观性较强，并且与管理层的专业水平和判断密切相关；另一种是历史重现法，就是直接选取在现实金融市场中已经出现过的极端情形，比如 2008 年 9 月 15 日雷曼兄弟公司倒闭等，考虑到在市场变量假设的概率分布中，这些极端情景发生的概率几乎为零，因此压力测试就可以看成是将这些极端情形考虑在内的方法。市场变量在一天内变化超出 5 个标准差就是这样一种极端事件，在正态分布的假设下，这种极端事件是每 7 000 年才可能发生一次，但是在实践中，一天内市场变化 5 个标准差的事件在每隔 10 年发生 1～2 次则是常态。

三、压力风险价值

由于前面讨论的风险价值存在局限性，尤其是对极端风险的识别和测度能力不足，因此在经过 2007～2008 年的金融危机后，发达国家的金融监管部门开始意识到这个问题的严重性，此后逐步要求金融机构计算压力风险价值作为传统风险价值的补充。

（一）基本概念

压力风险价值具体是指基于当市场变量在一定压力市场（极端市场）条件下通过历史模拟法计算得到的风险价值。

依然通过一个简单的例子描述压力风险价值的思想。假设一个投资组合由 M 个资产组成，选择过去曾出现的极端市场条件发生时的 250 个交易日作为选定的压力期间，同时采用 M 个资产在压力期间的收益率数据，依据投资组合的当前市场价值以及 M 个资产的最新权重，模拟出该投资组合在压力期间的日收益（盈亏）金额。

定义 $\widetilde{R}_{it}$ 表示第 i 个资产在选定压力期间的第 t 个交易日的收益率，并且假设当前的投资组合最新市值用 S_P 表示，第 i 个资产最新权重用 W_i 表示，参照历史模拟法，模拟在压力期间第 t 个交易日（$1 \leqslant t \leqslant 250$）投资组合的盈亏 $\Delta\widetilde{S}_{Pt}$，有如下表达式：

$$\Delta\widetilde{S}_{Pt} = \sum_{i=1}^{M} W_i \widetilde{R}_{it} S_P$$

然后，将这 250 个交易日的投资组合收益金额由大到小进行排序，从而形成一个基于压力期间的投资组合收益分布，具体如下：

第 1 位收益金额最大值；

第 2 位收益金额排第 2 的值；

第 3 位收益金额排第 3 的值；

…

第 237 位收益金额排第 237 的值（负数）；

第 238 位收益金额排第 238 的值（负数）；

…

第 247 位收益金额排第 247 的值（负数）；

第 248 位收益金额排第 248 的值（负数）；

…

第 250 位收益金额排最末尾的值（负数）。

如果需要计算持有期为 1 天、置信水平为 95％的压力风险价值，选取第 238 位的收益数据(对应于收益分布中的 5%分位数)或者第 237 位、238 位收益金额的平均值,取绝对值就是需要计算得到的压力风险价值;如果需要计算持有期为 1 天、置信水平为 99%的压力风险价值,可以选取第 248 位的收益金额(对应于收益分布中的 1%分位数)或者第 247 位、248 位收益金额的平均值,然后取绝对值就是压力风险价值。

(二)案例

依然沿用前面的投资组合信息,计算该投资组合的压力风险价值,首先就需要选择压力期间。针对过去 5 年发生在 A 股市场的极端事件应当算是 2015 年 6 月发生并持续数月的股灾以及 2016 年 1 月初的股市熔断机制。因此,将 2015 年 6 月 15 日股灾发生的第一个交易日作为压力期间的起始日,将 2016 年 1 月 7 日熔断机制叫停作为压力期间的结束日,一共是 140 个交易日。在压力期间,无论是上海证券综合指数(上证综指)、深圳证券综合指数(深证综指)还是中小板综指、创业板综指,累积的跌幅均接近 40%。

下面,运用 Python 计算持有期为 10 天、置信水平分别为 99%和 95%的投资组合压力风险价值,整个过程分为两个步骤。

第 1 步:生成压力期间投资组合的日收益时间序列并且进行可视化(图 9-6),具体的代码如下:

```
In [42]:return_stress = Return_history.loc['2015 - 06 - 15':'2016 - 01 - 07']
                                    #生成压力期间的投资组合日收益时间序列
In[43]:return_stress.describe( )
                                #计算压力期间投资组合日收益的主要统计指标
Out[43]:
        投资组合的模拟日收益
count     1.400000e + 02
mean     - 9.417970e + 04
std       1.074843e + 06
min      - 3.974723e + 06
25%      - 4.395357e + 05
50%      - 6.900343e + 04
75%       3.897460e + 05
max       2.966833e + 06
In[44]:return_zero = pd.DataFrame(np.zeros_like(return_stress),index = return
_stress.index)
                          #生成压力期间收益为 0 的时间序列以满足可视化的需要
In[45]:plt.figure(figsize = (8,6))
…:plt.plot(return_stress, 'b - ',label = u'压力期间投资组合的日收益')
```

```
...:plt.plot(return_zero, 'r-',label=u'收益等于 0',lw=2.5)
...:plt.xlabel(u'日期',fontsize=13)
...:plt.xticks(fontsize=13)
...:plt.ylabel(u'收益',fontsize=13, rotation=0)
...:plt.yticks(fontsize=13)
...:plt.title(u'压力期间投资组合的收益表现情况',fontsize=13)
...:plt.legend(fontsize=12)
...:plt.grid('True')
```

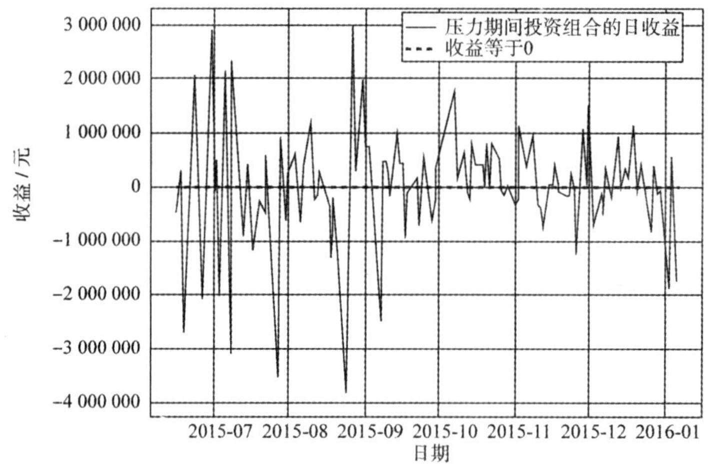

图 9-6　2015 年 6 月 15 日～2016 年 1 月 7 日压力期间投资组合的日收益

从以上的分析中可以看到，在压力期间投资组合的平均日亏损金额高达 9.42 万元，期间的日最大亏损达到 397.47 万元。并且通过对图 9-8 的目测可以发现，压力期间投资组合的亏损天数要明显多于营利天数。

第 2 步：根据压力期间投资组合的日收益时间序列，计算压力风险价值，具体的代码如下：

```
In[46]:SVaR99_1day = np.abs(np. percentile(a = return_stress,q = (1 - X1) * 100))        #计算持有期 1 天、置信水平 99%的压力风险价值
    ...:SVaR95_1day = np.abs(np.percentile(a = return_stress,q = (1 - X2) * 100))        #计算持有期 1 天、置信水平 95%的压力风险价值
    ...:SVaR99_10day = np.sqrt(10) * SVaR99_1day
                                        #计算持有期 10 天、置信水平 99%的压力风险价值
    ...:SVaR95_10day = np.sqrt(10) * SVaR95_1day
                                        #计算持有期 10 天、置信水平 95%的压力风险价值
```

```
...:print('持有期1天、置信水平99%的压力风险价值',round(SVaR99_1day,2))
...:print('持有期1天、置信水平95%的压力风险价值',round(SVaR95_1day,2))
...:print('持有期10天、置信水平99%的压力风险价值',round(SVaR99_10day,2))
...:print('持有期10天、置信水平95%的压力风险价值',round(SVaR95_10day,2))
持有期1天、置信水平99%的压力风险价值 3485224.21
持有期1天、置信水平95%的压力风险价值 2119163.28
持有期10天、置信水平99%的压力风险价值 11021246.67
持有期10天、置信水平95%的压力风险价值 6701382.71
```

通过第2步的分析，可以得到这样的结论：基于2015年6月15日～2016年1月7日的压力期间，持有期10天、置信水平99%的压力风险价值高达1 102.12万元，相同持有期、置信水平为95%的压力风险价值也高达670.14万元，均远高于正常条件下计算的风险价值。

参 考 文 献

[1]马伟明．Python 金融数据分析[M]. 北京:机械工业出版社,2018.

[2]胡俊英,斯文．基于 Python 的金融分析与风险管理[M]. 北京:人民邮电出版社,2019.

[3]谢众．金融基础设施的理论与实践[M]. 北京:中国金融出版社,2019.

[4]江红,余青松．Python 程序设计教程[M]. 北京:清华大学出版社,北京交通大学出版社,2014.

[5]温红梅,姚凤阁,林岩松．金融风险管理[M]. 沈阳:东北财经大学出版社,2015.

[6]郑志勇,怀伟城,王玮珩．金融数量分析基于 Python 编程[M]. 北京:北京航空航天大学出版社,2018.

[7]高晓燕,郭德友．金融学[M]. 北京:中国金融出版社,2017.

[8]于京,宋伟．Python 开发实践教程[M]. 北京:中国水利水电出版社,2016.

[9]孟昊,郭红．国际金融理论与实务[M]. 3 版．北京:人民邮电出版社,2017.

[10]林信良．Python 程序设计教程[M]. 北京:清华大学出版社,2017.

[11]元如林．金融数据分析技术基于 Excel 和 Matlab[M]. 北京:清华大学出版社,2016.

[12]多伦·皮莱格．金融学基本模型[M]. 王忠玉,卜长江,译. 北京:中国金融出版社,2016.

[13]高顿财经研究院组．金融风险管理知识与应用基于 MATLAB 编程[M]. 上海:上海财经大学出版社,2019.

[14]陆静．金融风险管理[M]. 北京:中国人民大学出版社,2019.

[15]谢非,赵宸元．金融风险管理实务案例[M]. 北京:经济管理出版社,2019.

[16]刘园．金融风险管理[M]. 4 版．北京:首都经济贸易大学出版社,2019.

[17]苗彬．金融风险管理理论与防控实务[M]. 北京:中国水利水电出版社,2018.

[18]麦金尼．利用 Python 进行数据分析[M]. 徐敬一,译. 北京:机械工业出版社,2018.

[19]余本国．基于 Python 的大数据分析基础及实战[M]. 北京:中国水利水电出版社,2018.

[20]伊夫·希尔皮斯科．Python 金融大数据分析[M]. 姚军,译. 北京:人民邮电出版社,2015.